这就是物理

LIGHT 光

[美] 约瑟夫·米森 文

[美] 萨缪·希提 绘

张梦叶 译

北京理工大学出版社

BEIJING INSTITUTE OF TECHNOLOGY PRESS

推荐序

物理学与数学是自然科学的两大支柱，在众多学科之中有着特殊而重要的地位。当今世界，我们的现代文明几乎没有哪个领域不依赖于物理学，它也是我们认识世界的基础，各种各样的物理学知识就隐藏在我们的日常生活中。《这就是物理》将满足孩子们对物理世界的好奇，通过主题式科学知识的生动讲解，将严肃的科学原理与孩子身边的有趣话题融为一体，使小读者们流连忘返。

这套充满创意的物理科学漫画书，将孩子们带入到一个充满奇趣的物理世界——声音、光、电、磁性、热、力和运动以及能量等的天地。全书囊括 10 个物理主题，从宏观现象到微观世界，从经典物理到宇宙前沿，从波动粒子到神秘黑洞，追逐恒星的辉光，穿越远古的遗迹，渗透其中的科学魅力会让孩子们难以抗拒。

让孩子从小就接触科学，使他们从幼年时代起培养对科学的爱好和兴趣，这是我国科普工作者一项严肃而神圣的任务。《这就是物理》打破传统说教式科普书体例，开启了一种颠覆常规、充满童趣的阅读体验，采用连环漫画导入方式，深入浅出地讲解物理世界的知识概念，让小读者轻松地跨入科学认知的大门，培养受益一生的科学思考方法。

愿《这就是物理》能得到我国小朋友们的喜欢。特此推荐。

中国工程院院士、著名物理学家 周立伟

目录

什么是光

我是一种
能量。
在同一种介质中，
我沿着直线传播。
当碰到障碍物时，
我便会改变方向。
我从物体上反射
回来，最后射入
你的眼睛。

你看，我是这样射入你的**眼睛**！

你的日常生活中可少不了我。
我们一起去
看看吧！

自然光来自太阳。

它看起来是
白色的。

在太阳光下你看到
了万物。

没有光，你就没有食
物吃，也没有空气可
以呼吸。

这是因为，植物和许多
海洋生物都需要利用太
阳光来制造食物和氧气。

你吃的所有食物、呼吸的氧气都可以追溯到这些生物，接着就追溯到我了。

燃料中的能量也来源于太阳光。

化石燃料是由生物遗骸经过数百万年的时间形成的。

这些燃料中的能量最初都来自太阳光。

人们用这些燃料来发电，并使机器运转。

什么是光波

光既可以在空气、水等物质中传播，也可以在真空中传播。
但我的移动方式并不是你所认为的那种直线运动，我像波浪一样运动。
就像光的波浪！

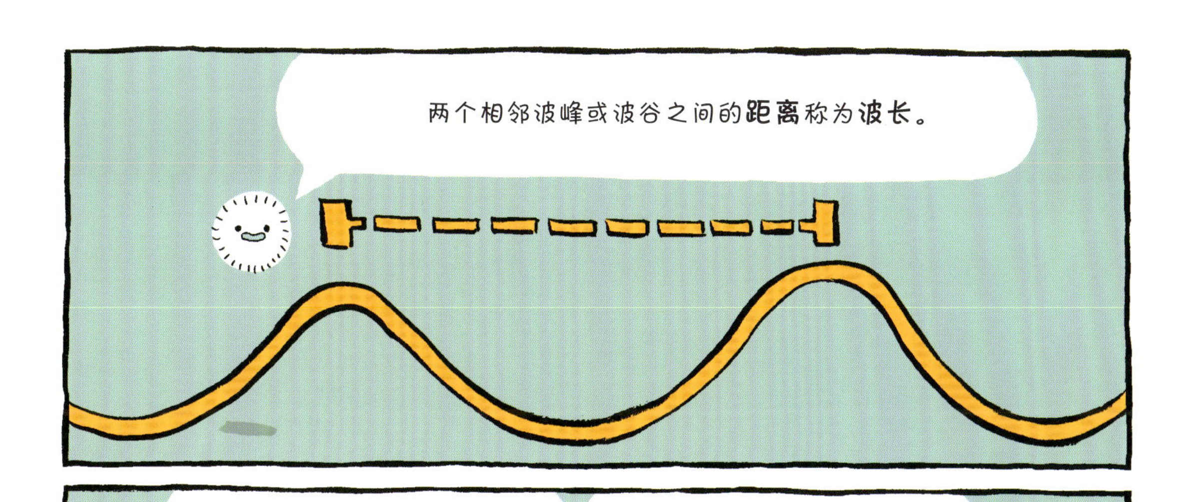
两个相邻波峰或波谷之间的**距离**称为**波长**。

波浪移动起来可比我慢多了。
我的速度奇快无比，就像瞬间转移一样！
嗖嗖嗖

不服气是吗？来挑战我吧。
打开电灯开关，看看咱俩谁先跑到房间的另一头！

啊……呼！
小心别撞着！
我跑得实在太快了，我能在一秒内绕地球七圈！

吸收与反射

当光照射在物体上时，会发生好几种现象。
有的物体会**吸收**我。
有的物体会**反射**我。
有的物体还会让我穿透它。

当光射来时，大多数物体都会吸收掉一部分光。

同时，它们也会反射一部分光。
反射的光从物体表面射向四面八方或某一个方向。

反射出来的光，一部分进入你的眼睛，这样你就看到东西了。
不同的物体，吸收和反射的光是不同的。

黑色物体能吸收大部分的光。
黑色

白色物体吸收的光少，但反射的光多。
白色

这就是为什么天热的时候适合穿白衣服！

光滑的表面也会反射很多光。
瞧，我能看到我自己呢！

光的传播

在一些材料中，光可以很容易穿过；但另外一些材料，光却无法穿过。

光无法穿过**不透明物体**。这些物体吸收掉一些光，然后将其余的反射出去。

这堵墙是不透明的，你无法透过它看到墙背面的东西。

光被不透明的物体挡住，便形成了影子。

透明物体能让大部分光穿过，你可以透过它看到东西。

这些窗户的玻璃就是透明的。

如果窗户上是彩色玻璃又会发生什么呢？

彩色玻璃是一种**半透明物体**。

它仅让特定颜色的光通过。

同时，还**散射**一部分光，这样透过它看到的物体是模糊的。

光的折射

我在水中比在空气中移动得慢一些。

我的传播**速度**发生了变化。

你有没有注意过，物体的水下部分好像发生了错位。
这是由于光的折射造成的！

你可以用**三棱镜**看到折射现象。
三棱镜是一种横截面为三角形的塑料或玻璃材质的透明物体，可以折射白光。
它能把白光分散成各种颜色的光。

什么是颜色

彩虹中所有颜色的光混合在一起就形成了白光。

红色、橙色、黄色、绿色、蓝色、靛色、紫色。

我们常简称为红橙黄绿蓝靛紫。

不同颜色的光有不同的波长。

其中，红光的波长最长。

紫光的波长最短。

其他颜色的光的波长介于红光和紫光之间。

这些颜色一起构成了彩虹的全部颜色。

那么，什么
是彩虹呢？
当太阳光透射过
雨滴时，我们就
看到了彩虹。

还记得光透过水会发生
什么吗？
折射！
折射

雨滴使光线发生了弯折！
看到了吗？每颗雨滴都像一个小小的三棱镜。
它把太阳光分散成不同颜色的光。

每种颜色的光弯折的程度不一样。
波长较长的光比波长较短的光弯折的程度小。

就这样，雨滴把太阳光分离成了各种颜色的**可见光**。

可见光是我们肉眼能看到的所有光。

我们周围充满各
种各样的颜色。
万物为什么会呈
现不同颜色呢？

我们都知道，所有颜色的可见光混合
成了白光。
当白光照到不透明物体上时，
一些颜色的光被吸收。
另一些颜色的光
被反射出去。

反射出来的光进入
了你的眼睛。
比如，当白光照射到
香蕉上。

香蕉吸收了除黄色以外的其他所有
颜色的光。

只有黄光从香蕉上反射出去。

黄光进入了你的
眼睛。

眼睛是怎么看见东西的

去人类的眼睛里瞧一瞧！
让我们跟着光的轨迹向身体内部探索吧！
APPLE
瞳孔
虹膜
眼角膜
晶状体
视网膜
视神经

光进入眼球外层时发生轻微的折射。
这是因为光透过了眼角膜！

接着光穿过一个小孔，也就是瞳孔。
瞳孔控制着进入眼睛的光线量。

然后光穿过晶状体。

晶状体使光发生折射，把清晰的图像呈现在视网膜上。

通过晶状体聚焦在视网膜上的图像是上下颠倒、左右对调的。
APPLE

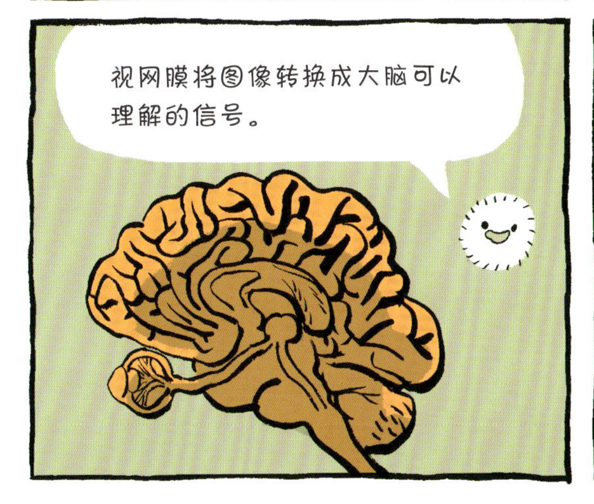
视网膜将图像转换成大脑可以理解的信号。

大脑再将信号转换成图像，而且转换成正立的图像。
APPLE

透镜是怎样帮助人看清东西的

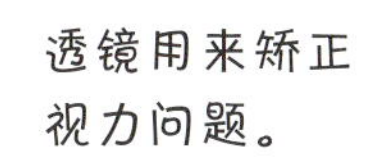

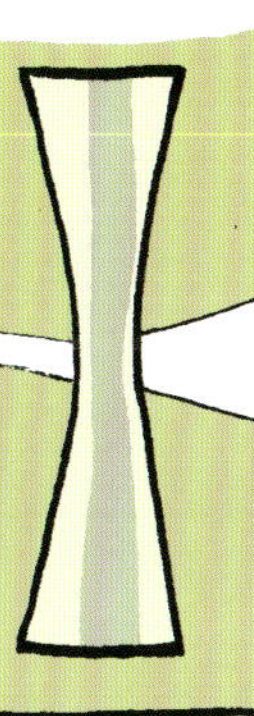
透镜用来矫正视力问题。
近视的人需要佩戴**凹透镜**。凹透镜的边缘比中心厚。
这种设计能把光波折射得更加分散。

透过凹透镜，可以使光线刚好会聚在视网膜上，从而看清物体。

远视的人需要佩戴**凸透镜**。

凸透镜的中间比边缘厚。
在一定范围内，透过凸透镜看到的物体更大一些。

不可见光

除了戴眼镜，人类还有其他利用光线折射来看东西的方式。
运用透镜原理制造的另一种工具叫望远镜。
人们用望远镜来观察遥远的地方。

透过望远镜，你可以看到千里之外的物体。
比如月球！

观察时你必须借助一种肉眼能看到的光。
那就是可见光。

可见光包括彩虹所有颜色的光。

除此之外，还有许多其他形式的光
是你看不见的！

红外线

比如这几种光
你是看不见的。

紫外线

无线电波

X射线

蜜蜂和一些其他昆虫利用紫外线
寻找有花粉的花朵！

所有不同种类的光构成了
电磁波谱。
电磁波谱

为什么学习光

不管你有没有意识到，其实你每天都在使用光。
比如你身边的灯具、电脑屏幕、电视。

因特网等通信方式的出现，也是因为有我的存在！
纤细的地下光缆能以光速传输信号。
这样你才能快速下载数据！

如今，科学家们借助望远镜探索太空，透过这些望远镜可以看到原本用眼睛看不到的光。
其中一种是哈勃太空望远镜，它正在太空中绕着地球旋转。
它用于拍摄遥远太空中捕获的详细画面。

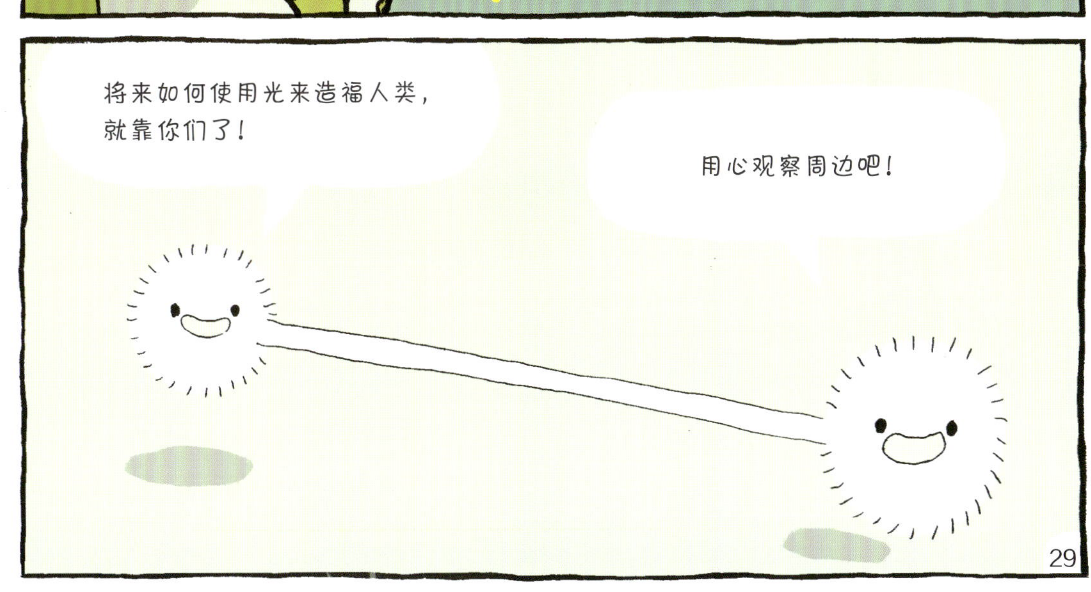
将来如何使用光来造福人类，就靠你们了！
用心观察周边吧！

词汇表

凹透镜 镜片的边缘比中心厚。透过凹透镜看，物体会变小。

半透明物体 只能透过部分光的物体。

波长 两个相邻波峰或波谷之间的距离。

不透明物体 光无法透过的物体。

电磁波谱 即所有的电磁能量，包括可见光和不可见光。电磁能量由电波和电磁波组成。

反射 光从一种介质传到另一种介质后又返回原介质。

距离 两个点的间隔长度。

可见光 人的视觉可以感受到的光。

三棱镜 一种能折射（弯折）光线的特殊玻璃或塑料物体，可以形成各种颜色的光谱。

散射 光由射入时的一束，分散成多束并射向不同的方向。

速度 表示物体运动的快慢。

透明物体 几乎可以透过所有光的物体。

凸透镜 镜片的中心比边缘厚。透过凸透镜看，物体会变大。

吸收 接收、吸入，而不是反射。

折射 光从一种介质传递到另一种介质时发生的弯折。

审读推荐

中国工程院院士、著名物理学家 周立伟

全文审读

北京理工大学物理学院副教授、博士 何建锋
中国科学院高能物理研究所副研究员、 博士 靳松
北京市赵登禹学校物理教师 张雪娣

作　　者

约瑟夫 · 米森（Joseph Midthun）是一位资深漫画主编，长期致力于儿童科普教育研究，崇尚用一目了然的绘画形式传递丰富信息。

萨缪 · 希提（Sam Hiti）是一位当代独立漫画艺术家，擅长用生动简洁的漫画还原生活场景，细致记录情感细节。

二人共同创作了一系列独立漫画作品，曾被改编成电影。

译　　者

张梦叶，留英硕士，从事儿童出版物编辑多年，翻译过多本英文原著，对儿童科普有着自己深层次的理解。

本书在出版过程中，得到各界相关学者悉心指导审阅，谨向各位致以诚挚的谢意。

图书在版编目(CIP)数据

这就是物理：抢鲜版．光 /(美)约瑟夫·米森文；(美)萨缪·希提绘；张梦叶译．
-- 北京：北京理工大学出版社，2021.5
书名原文：Building Blocks of Science -Light
ISBN　978-7-5682-9780-6
Ⅰ. ①这… Ⅱ. ①约… ②萨… ③张… Ⅲ. ①物理学-青少年读物 Ⅳ. ① O4-49
中国版本图书馆 CIP 数据核字（2021）第 076989 号

北京市版权局著作权合同登记号 图字：01-2019-2341

出版发行 / 北京理工大学出版社有限责任公司
社　　址 / 北京市海淀区中关村南大街 5 号
邮　　编 / 100081
电　　话 / (010) 68944515 (童书出版中心)
网　　址 / http://www.bitpress.com.cn
经　　销 / 全国各地新华书店
印　　刷 / 朗翔印刷(天津)有限公司
开　　本 / 710 毫米 × 1000 毫米　1/16
总 印 张 / 10
总 字 数 / 250 千字
版　　次 / 2021 年 5 月第 1 版　2021 年 5 月第 1 次印刷
总 定 价 / 100.00 元(全 5 册)

责任编辑 / 户金爽
责任校对 / 刘亚男
责任印制 / 王美丽

这就是物理

FORCE AND MOTION 力和运动

[美] 约瑟夫·米森 文
[美] 萨缪·希提 绘
张梦叶 译

北京理工大学出版社
BEIJING INSTITUTE OF TECHNOLOGY PRESS

推荐序

物理学与数学是自然科学的两大支柱，在众多学科之中有着特殊而重要的地位。当今世界，我们的现代文明几乎没有哪个领域不依赖于物理学，它也是我们认识世界的基础，各种各样的物理学知识就隐藏在我们的日常生活中。《这就是物理》将满足孩子们对物理世界的好奇，通过主题式科学知识的生动讲解，将严肃的科学原理与孩子身边的有趣话题融为一体，使小读者们流连忘返。

这套充满创意的物理科学漫画书，将孩子们带入到一个充满奇趣的物理世界——声音、光、电、磁性、热、力和运动以及能量等的天地。全书囊括 10 个物理主题，从宏观现象到微观世界，从经典物理到宇宙前沿，从波动粒子到神秘黑洞，追逐恒星的辉光，穿越远古的遗迹，渗透其中的科学魅力会让孩子们难以抗拒。

让孩子从小就接触科学，使他们从幼年时代起培养对科学的爱好和兴趣，这是我国科普工作者一项严肃而神圣的任务。《这就是物理》打破传统说教式科普书体例，开启了一种颠覆常规、充满童趣的阅读体验，采用连环漫画导入方式，深入浅出地讲解物理世界的知识概念，让小读者轻松地跨入科学认知的大门，培养受益一生的科学思考方法。

愿《这就是物理》能得到我国小朋友们的喜欢。特此推荐。

中国工程院院士、著名物理学家 周立伟

目录

力和运动

快点儿，
伙计！
咚咚咚

咱俩必须
成为一个
团队！
我们不在一起，
物体是不会自己
移动的。
噗

你说得对！
你需要我！

我是**力**！

我们凑在一块
就是……
力和运动组合！
砰

什么是力

当两个物体相互接触发生碰撞时，就会产生**机械力**。
我的脚碰到了球，把球踢了出去。
在不接触的情况下，物体间也可以产生力的作用。

这些力是看不见的。

其中一种是**重力**。
嗨！

重力是一种可以把一切物体……
……拉向地面的力！

我真切地感受到了。

我们周围的力

每天都有很多力围绕着你。

看这辆推土机！

它就是利用机械力来工作的。

还记得重力吗？

宇航员在月球上感受到的重力只有地球上的六分之一！

什么是运动

科学家把运动定义为物体位置的变化。
到这里来……
如果我们从这里出发……
我们就发生了位置的移动！

你知道运动的两个基本要素吗？
不知道！

是速度和方向！
原来如此。

准备好了吗？
好啦！
出发！

吱……
突 突 突

速度是在单位时间内行进的**距离**。
终点
突 突 突
呲

我们的车行驶了同样的距离。
但是你的车花的时间更长！
因为我的车速度比你的车慢！
终点
突
突
突

方向指的是物体朝哪运动。
看那些飞机！
它们以相同的速度飞行，但方向相反。

改变运动状态

加速度表示由力引起的运动速度变化的快慢。
运动状态变化包括两个方面：速度大小和方向的变化。

如果你是匀速运动的，即使速度很快……
……也没有加速度。
你不说我都不知道呢！
噌
噌

我推
啊！

啊！

你加速运动的时候会
有加速度。

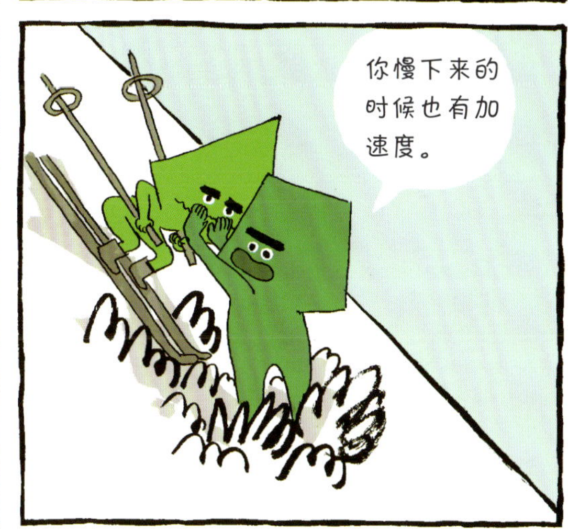
你慢下来的
时候也有加
速度。

你改变运动方向
的时候，还是有
加速度。
嗖
嗖

现在你知道了吧！加速度可不仅
仅是速度加快的时候才有哦！
咻

保持运动状态

如果一个物体是不动的，那它就是静止状态。
静止的物体不会自己运动。
它需要一个力来推动。
醒醒！
呼！呼！

物体保持静止状态的这种性质叫作**惯性**。
嘿！
唰
惯性
惯性也是运动中的物体继续保持原来运动状态的原因。
哟吼！
我推
惯性

由于惯性，运动中的物体趋向于以相同的速度在相同的方向上运动。

物体惯性的大小只跟物体的**质量**有关。
捏

物体的质量越大，它的惯性就越大。
例如，这两个静止的石头，重的比轻的更难移动。

较重的石头惯性较大。
哎哟！
我推

而运动中的石头，重的比轻的更难停下来。
快停下！

这块大石头的惯性确实很大！
没错！
呲啦

摩擦力

每天，我们用力来改变物体的运动状态。
我是世界之王！

骑上自行车。
当我踩下踏板时，自行车就加速了。

踩在踏板上的力改变了自行车的运动状态。
真酷！
嘭

但是要是想慢下来怎么办？
那就握紧刹车把手。
嘎

啊！
不是吧？又来？

摩擦力是物体之间相互摩擦产生的。
摩擦使两个物体表面产生阻力。
哎哟！
哎哟！
哎哟！
嘎吱

当你握住刹车，刹车片挤住了轮胎的车圈。刹车片和车圈之间的摩擦力使你的自行车慢了下来。
哎哟！
噗噗
呼呼

不过，我要是不握住刹车，也是可以减速的。

那是因为轮胎和路面之间也有摩擦力。
咚
随便你怎么说吧！
咚

没有摩擦力，你根本没法走路！
有时，我们也用摩擦来加速。
正是由于胶鞋的鞋底和粗糙的路面之间有摩擦力，我才不会滑倒！

没错！
嘿！
小心！

哧溜

扑通 扑通
哗啦

光滑表面比粗糙表面的摩擦力要小。
你怎么不早说……
哗啦 哗啦

摩擦也能产生热。
这就是你摩擦两根小木棍可以生火的原因。
唰唰

热量和摩擦会使物体发生磨损！

在机器零部件上涂润滑油能减少摩擦。
咕噜 咕噜
所以人们要给发动机加润滑油。

这就是润滑油！
摩擦力小了，发动机能更轻松地运转，产生的热量也更少了。

做功

哇！他们确实能做很多工作！
先停一下。

在这里，工作并不意味着“非常努力地干活”，而是指做功。
什么意思呀？
扑通

在**物理学**中，力使物体移动了一定的距离叫作做功。
嗯。

那么当力使物体发生移动，或是改变了它的运动状态，就是做功吗？
没错！
扑通

搬重的物体比搬
轻的物体需要更
大的力。
搬运车

现在我明
白了！

你靠边！
我来搬！

呃呃呃！！！
较重的物体，质量
也更大。
质量越大，做功
也越多。
别开玩笑了……

机械和做功

不管你有多强壮，人类身体的力量是有限的。
所以人们发明了机械？
用来帮助人们工作是吗？
咔嗒

对！
机械可以让很多工作变得更容易。
你可以把机械看成是由许多活动部件组成的大型物体。
比如这两台机械！
这是飞机，它的结构非常复杂！

但是有些机械几乎没有可以活动的部件。
简单机械使搬运重物等工作变得更容易。
机械可以改变你用力的大小。
机械也可以改变你用力的方向。

宏伟的金字塔就是古埃及人使用简单机械建造的。他们用铜凿子和锯切割巨大的石灰岩。
叮
叮
叮

他们把石头拉上土和砖砌成的斜坡，一层一层地搭建出金字塔。

完工！
扑通

如果没有简单机械，埃及人是不可能建成金字塔的。

简单机械

简单机械有六种类型。
斜面是一种平坦的、倾斜的表面，可以用来提升重物。
杠杆是一根绕固定支点转动的杆。
锵锵锵
咕叽
咕叽

滑轮是一种特殊的杠杆，它用绳子和轮子一起来提升物体。
坚持住！快到了！

轮轴也是一种杠杆，是轮子绕一根轴转动。

这是……
螺丝钉是一种螺旋形环绕的斜面。
楔子是两个背靠背的倾斜平面，
用来劈开物体。

为什么学习力和运动

那么，你知道我们在实际生活中如何运用力和运动的知识吗？
那当然！

那我们就利用这些知识让飞机起飞吧！
这可是你说的！

你身边的很多东西都是**工程师**们运用力和运动的知识创造的。
轰隆隆 轰隆隆

比如火箭，需要足够的力才能让它升空！
我们每天都围绕着你！
咣

你打算怎么运用力的知识？
还有运动的知识呢？
哒哒
哒哒

准备好了吗？
准备好了！
嗖嗖
嗖嗖

起飞喽！

轰隆隆

词汇表

磁力 材料中的电子运动所产生的力。

杠杆 一种简单机械，是一根绕着固定支点转动的杆。

工程师 设计、建造或制造发动机、机器、道路、桥梁、运河、建筑等的人。

惯性 物体保持静止状态或匀速直线运动状态的性质。

滑轮 一种简单机械，用绳子或链条缠绕在旋转的轮子上。

机械力 两个物体相互接触时施加的力。

加速度 物体速度大小或方向的变化。

简单机械 有六种基本类型，能改变力做功的方式。

距离 两个点在空间上间隔的长度。

力 推或拉的作用。

轮轴 一种简单机械，轮子绕一根轴转动。

螺丝钉 一种简单机械，形状像一个围绕着中心轴的旋转坡道。

摩擦力 发生在两个物体间，会导致两个物体减速并产生热量。

润滑油 可以使机器更平稳、更轻松地工作。

速度 表示物体运动的快慢。

物理学 研究物质和能量的科学。

斜面 一种形状像斜坡的简单机械。

楔子 一种简单机械，形状像两个背对背的斜面，边缘可切割或切片。

重力 物体由于地球的吸引而受到的力。

运动 物体位置的变化。

质量 物体所含物质的多少。

审读推荐

中国工程院院士、著名物理学家 周立伟

全文审读

北京理工大学物理学院副教授、博士 何建锋
中国科学院高能物理研究所副研究员、博士 靳松
北京市赵登禹学校物理教师 张雪娣

作　　者

约瑟夫·米森（Joseph Midthun）是一位资深漫画主编，长期致力于儿童科普教育研究，崇尚用一目了然的绘画形式传递丰富信息。

萨缪·希提（Sam Hiti）是一位当代独立漫画艺术家，擅长用生动简洁的漫画还原生活场景，细致记录情感细节。

二人共同创作了一系列独立漫画作品，曾被改编成电影。

译　　者

张梦叶，留英硕士，从事儿童出版物编辑多年，翻译过多本英文原著，对儿童科普有着自己深层次的理解。

本书在出版过程中，得到各界相关学者悉心指导审阅，谨向各位致以诚挚的谢意。

图书在版编目（CIP）数据

这就是物理：抢鲜版．力和运动 /（美）约瑟夫·米森文；（美）萨缪·希提绘；张梦叶译．
-- 北京：北京理工大学出版社，2021.5

书名原文：Building Blocks of Science -Force and Motion

ISBN 978-7-5682-9780-6

Ⅰ．①这… Ⅱ．①约… ②萨…③张… Ⅲ．①物理学-青少年读物 Ⅳ．① O4-49

中国版本图书馆 CIP 数据核字（2021）第 076981 号

北京市版权局著作权合同登记号 图字：01-2019-2337

出版发行 / 北京理工大学出版社有限责任公司
社 址 / 北京市海淀区中关村南大街 5 号
邮 编 / 100081
电 话 /（010）68944515（童书出版中心）
网 址 / http://www. bitpress. com. cn
经 销 / 全国各地新华书店
印 刷 / 朗翔印刷（天津）有限公司
开 本 / 710 毫米 × 1000 毫米 1/16
总 印 张 / 10
总 字 数 / 250 千字
版 次 / 2021 年 5 月第 1 版 2021 年 5 月第 1 次印刷
总 定 价 / 100.00 元（全 5 册）

责任编辑 / 户金爽
责任校对 / 刘亚男
责任印制 / 王美丽

[美] 约瑟夫·米森 文
[美] 萨缪·希提 绘
张梦叶 译

北京理工大学出版社
BEIJING INSTITUTE OF TECHNOLOGY PRESS

推荐序

物理学与数学是自然科学的两大支柱，在众多学科之中有着特殊而重要的地位。当今世界，我们的现代文明几乎没有哪个领域不依赖于物理学，它也是我们认识世界的基础，各种各样的物理学知识就隐藏在我们的日常生活中。《这就是物理》将满足孩子们对物理世界的好奇，通过主题式科学知识的生动讲解，将严肃的科学原理与孩子身边的有趣话题融为一体，使小读者们流连忘返。

这套充满创意的物理科学漫画书，将孩子们带入到一个充满奇趣的物理世界——声音、光、电、磁性、热、力和运动以及能量等的天地。全书囊括10个物理主题，从宏观现象到微观世界，从经典物理到宇宙前沿，从波动粒子到神秘黑洞，追逐恒星的辉光，穿越远古的遗迹，渗透其中的科学魅力会让孩子们难以抗拒。

让孩子从小就接触科学，使他们从幼年时代起培养对科学的爱好和兴趣，这是我国科普工作者一项严肃而神圣的任务。《这就是物理》打破传统说教式科普书体例，开启了一种颠覆常规、充满童趣的阅读体验，采用连环漫画导入方式，深入浅出地讲解物理世界的知识概念，让小读者轻松地跨入科学认知的大门，培养受益一生的科学思考方法。

愿《这就是物理》能得到我国小朋友们的喜欢。特此推荐。

中国工程院院士、著名物理学家 周立伟

目录

什么是电

我把电灯
点亮。

我让电子产品工作。
8:01

我能启动很多机器。

甚至还能电到你！

你一定要当心，不能离我太近，
否则会触电！
我们一起去看一看吧！

自然界中的电

我现在就在你的体内。

你的每个动作和每次思考都是电产生的结果。

你身体内部的电信号把信息传递到大脑，又从大脑传递出去。

这些信号告诉你的大脑，眼睛看到了什么，耳朵听到了什么。

……手指感觉到了什么。

这些信号甚至告诉你，心脏什么时候该跳动！
砰砰
砰砰

电的产生

很多物质都是由叫作**原子**的微粒构成的。
原子

原子是由更小的粒子组成的。
原子中心的粒子有的带正电，有的不带电。

电子是在原子中绕原子核旋转的带负电的粒子。

当原子内部的正电粒子和负电粒子数量相等时，它就不带**电荷**了。
哇……哇！

但是原子可以得到或失去电子。

一旦发生这种情况，原子就带电了！

电子的移动就形成了我们所说的电。

静电

电子的聚集产生**静电**。你也许亲身感受过静电。

你有没有试过拖着脚走过地毯，然后用手去触碰门把手？
嘶
嘶
嘶

你猜会发生什么？
你可能会被电到！
噼啪

你的脚和地毯之间的摩擦导致电子从地毯传到你的身上。

让你的身体得到了额外的电子。
你就带上了负电荷。

当你触摸门把手时，电子又从你的
身体传到门把手上。

电子流动的时候，你就会有触电的感觉。

电子总是从带负电的
一方流走。
所以电子从你的身体流向
门把手。

电流

人们不能用静电给常见的机器供电。

因为电荷一瞬间就释放了。
嘀
嘀

为了更好地利用电，我们发明了**电流**。
电流

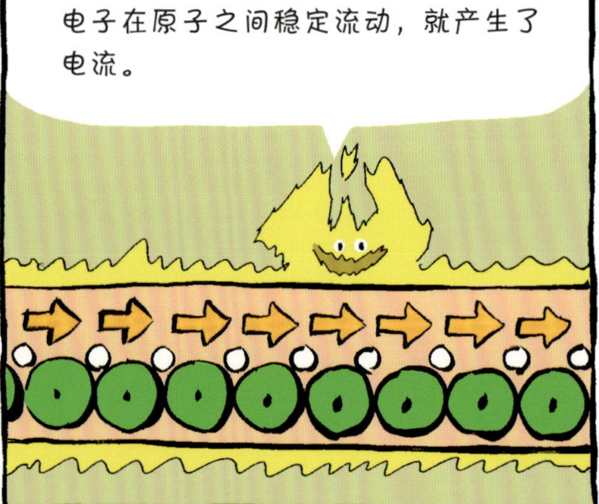
电子在原子之间稳定流动，就产生了电流。

我们让电流在闭合的**电路**中流动。

我们把循环流动的电流叫作电路，电路可以传输能量。
把电路想象成一个环形的赛道。电子就像绕着环道行驶的汽车。
嘟嘟

简单电路有四个主要部分：电源、用电器、开关，以及连接它们的导线。
电路

这个机器人将电池作为能量来源。

能量储存在电池的化学物质中。
电池

能量推动电子在电路中移动。
电池

电子流动，机器人就走起来了！

电路和开关

闭合开关，接口就连起来了！

闭合

开关

现在断开开关，看看会发生什么吧！
咔嚓

这时电路接口就断开了！

电路也就断开了，于是，灯就灭了！

导体和绝缘体

在有些材料中，电子不容易传递。

这些材料被称为**绝缘体**。

木头、塑料和橡胶都是很好的绝缘体。

电线的外面通常包裹着橡胶或塑料。

这些材料能把电封锁在电线里，这样你就不会触电了！

我们怎么运用电

现在你知道了，电是一种能量。
也就是电能！
那么，电能有哪些重要作用呢？

我们可以把电能转化成其他形式的能量。
看看你身边的灯。
这是把电能转化成了光能。

还有这个收音机。
它把电能转化成了声能。

人们使用电能来取暖或烹饪。

机器的**电动机**将电能转化成机械能……

汽车才能运动，具有动能。
这些事情能够实现，都是因为有了我！

发电

发电厂用**发电机**把其他形式的能转化为电能。

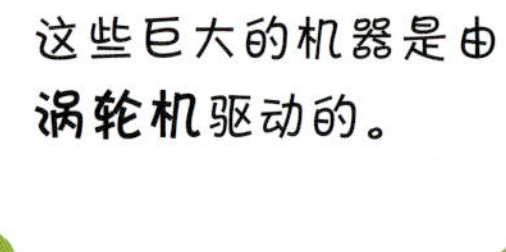

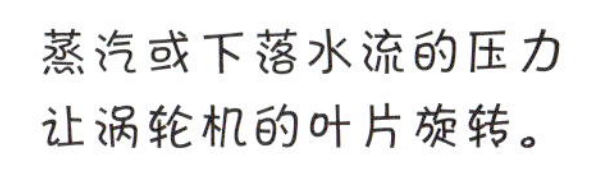

叶片旋转，使发电机内部的
磁铁绕着金属线旋转。

旋转的磁铁推拉导
线内部的电子。

电子的移动产生
了电流。

发电厂能产生足够
的电流，供应给整
座城市！

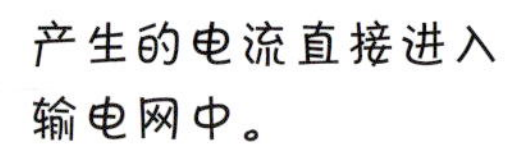
产生的电流直接进入
输电网中。
输电网是个巨大的电路。

通过输电设备和变电
设备，电才能被输送
到你家里。
塑料包裹的铜线连
接着你家和发电厂。

这些电线穿过你家的墙壁。

把电器插头插入墙上的插座，就接入了电网。

看！电路通了！

电力的发明

一百多年前，家庭生活中还没有电。
到了19世纪，人们学会了捕获电能，用电去做各种事情。

发明家和科学家们找到了很多发电的方法。
他们还知道了怎样利用电能来产生光和热。

于是就出现了各种电器和电子产品。

有些设备帮人们实现远**距离**通话。
叮铃铃
你好！

有些则帮助人们快速处理信息。
嗒嗒嗒
嗒嗒嗒

随着时间的推移，人们对电力的需求不断增长。

很难想象，如果没有电，现代人该怎样去生活。
但是电的使用也是有负面影响的……

电力的来源

我们使用的大部分电能来自发电厂，大多数发电厂燃烧**化石燃料**。
化石燃料是由数百万年前死去的生物的遗骸形成的。

许多人担忧地球上的化石燃料将来有一天被用光。
最重要的是，燃烧这些化石燃料会危害我们的星球。

科学家们已经知道怎么把其他能源
转化成电能了。

例如，水坝利用流水的能量发电。

当风使风车的扇叶旋
转时，涡轮机就会产
生电！

太阳能板将太阳能转化为电能。
充分吸收太阳
射线！

节约用电

如今，地球上的人口比以往任何时候都要多。
越来越多的地方需要电……
人们对电的需求不断增长……

所以节约用电太重要了。
拉开窗帘，屋里就亮堂了，就不用开灯了，不是吗？
唰

问问你自己，现在一定要开电视吗？

再看看周围！

你也能找到节约用电的地方！

开动脑筋吧！
说不定你还能发现其他产生电的好方法呢！
这就是我，我就是电！

词汇表

导体 容易传导电流的物质。

电流 电子通过金属等物质的稳定流动。

电路 电流的路径。电路通常是由金属丝构成的。

电子 是一种围绕原子核旋转的粒子，带负电荷。

发电机 将机械能转换成电能的机器。

化石燃料 死亡已久的生物残骸形成的燃料。化石燃料包括煤、天然气和石油。

金属 一个大群体，其中包括铜、金、铁、铅、银、锡和其他具有类似性质的元素。

静电 在某个物体表面聚集的电荷。

距离 两个点在空间上间隔的长度。

绝缘体 不善于传导电流的材料。

开关 控制电路打开或关闭的装置。

涡轮机 用水、蒸汽、热气体或空气的力量使轮子旋转的发动机。涡轮机经常用来带动发电机发电。

物质 构成了万物。

原子 物质的基本单位之一。

运动 物体位置的变化。

审读推荐

中国工程院院士、著名物理学家 周立伟

全文审读

北京理工大学物理学院副教授、博士 何建锋
中国科学院高能物理研究所副研究员、博士 靳松
北京市赵登禹学校物理教师 张雪娇

作　　者

约瑟夫·米森（Joseph Midthun）是一位资深漫画主编，长期致力于儿童科普教育研究，崇尚用一目了然的绘画形式传递丰富信息。

萨缪·希提（Sam Hiti）是一位当代独立漫画艺术家，擅长用生动简洁的漫画还原生活场景，细致记录情感细节。

二人共同创作了一系列独立漫画作品，曾被改编成电影。

译　　者

张梦叶，留英硕士，从事儿童出版物编辑多年，翻译过多本英文原著，对儿童科普有着自己深层次的理解。

本书在出版过程中，得到各界相关学者悉心指导审阅，谨向各位致以诚挚的谢意。

图书在版编目（CIP）数据

这就是物理：抢鲜版．电 /（美）约瑟夫·米森文；（美）萨缪·希提绘；张梦叶译．
-- 北京：北京理工大学出版社，2021.5

书名原文：Building Blocks of Science -Electricity

ISBN 978-7-5682-9780-6

Ⅰ.①这… Ⅱ.①约… ②萨…③张… Ⅲ.①物理学-青少年读物 Ⅳ.① O4-49

中国版本图书馆 CIP 数据核字（2021）第 076987 号

北京市版权局著作权合同登记号 图字：01-2019-2336

出版发行 / 北京理工大学出版社有限责任公司
社　　址 / 北京市海淀区中关村南大街 5 号
邮　　编 / 100081
电　　话 /（010）68944515（童书出版中心）
网　　址 / http://www.bitpress.com.cn
经　　销 / 全国各地新华书店
印　　刷 / 朗翔印刷（天津）有限公司
开　　本 / 710 毫米 × 1000 毫米　1/16
总 印 张 / 10
总 字 数 / 250 千字
版　　次 / 2021 年 5 月第 1 版　2021 年 5 月第 1 次印刷
总 定 价 / 100.00 元（全 5 册）

责任编辑 / 户金爽
责任校对 / 刘亚男
责任印制 / 王美丽

图书出现印装质量问题，请拨打售后热线，本社负责调换

[美] 约瑟夫·米森 文
[美] 萨缪·希提 绘
张梦叶 译

北京理工大学出版社
BEIJING INSTITUTE OF TECHNOLOGY PRESS

推荐序

物理学与数学是自然科学的两大支柱，在众多学科之中有着特殊而重要的地位。当今世界，我们的现代文明几乎没有哪个领域不依赖于物理学，它也是我们认识世界的基础，各种各样的物理学知识就隐藏在我们的日常生活中。《这就是物理》将满足孩子们对物理世界的好奇，通过主题式科学知识的生动讲解，将严肃的科学原理与孩子身边的有趣话题融为一体，使小读者们流连忘返。

这套充满创意的物理科学漫画书，将孩子们带入到一个充满奇趣的物理世界——声音、光、电、磁性、热、力和运动以及能量等的天地。全书囊括 10 个物理主题，从宏观现象到微观世界，从经典物理到宇宙前沿，从波动粒子到神秘黑洞，追逐恒星的辉光，穿越远古的遗迹，渗透其中的科学魅力会让孩子们难以抗拒。

让孩子从小就接触科学，使他们从幼年时代起培养对科学的爱好和兴趣，这是我国科普工作者一项严肃而神圣的任务。《这就是物理》打破传统说教式科普书体例，开启了一种颠覆常规、充满童趣的阅读体验，采用连环漫画导入方式，深入浅出地讲解物理世界的知识概念，让小读者轻松地跨入科学认知的大门，培养受益一生的科学思考方法。

愿《这就是物理》能得到我国小朋友们的喜欢。特此推荐。

中国工程院院士、著名物理学家 周立伟

目录

什么是声音

声音来自物体的振动。
当物体振动时，会来回晃动。

有时声音非常响亮！

有时声音非常微弱……

有时即使你的耳朵听不到，我也是存在的！

声音是怎么发出来的

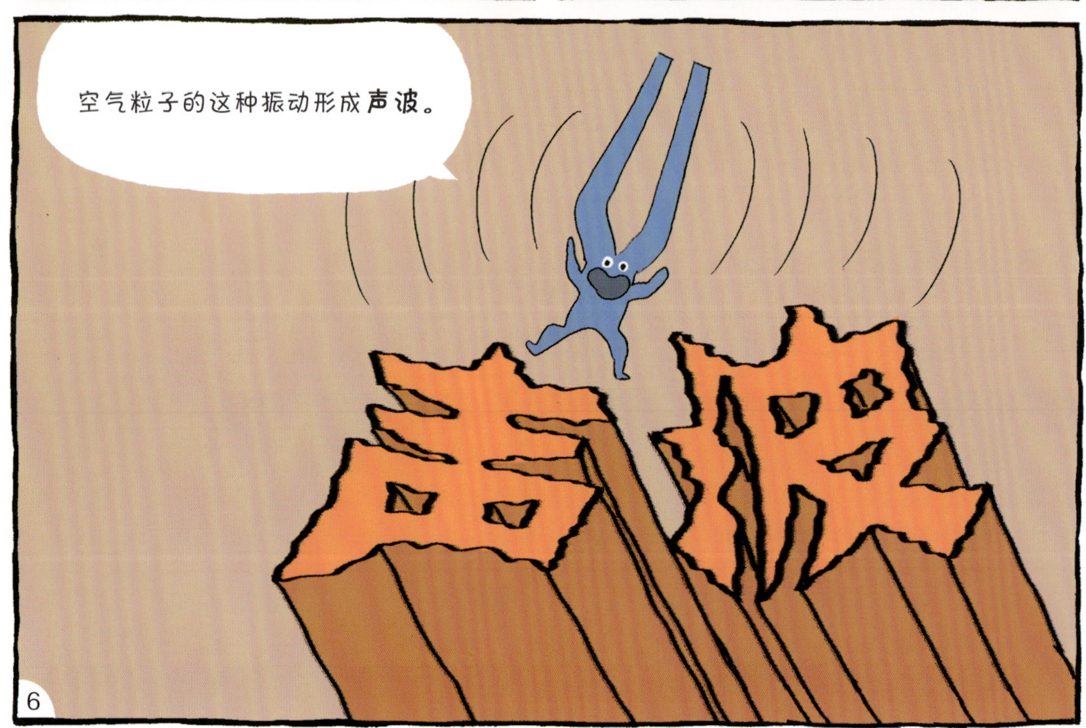

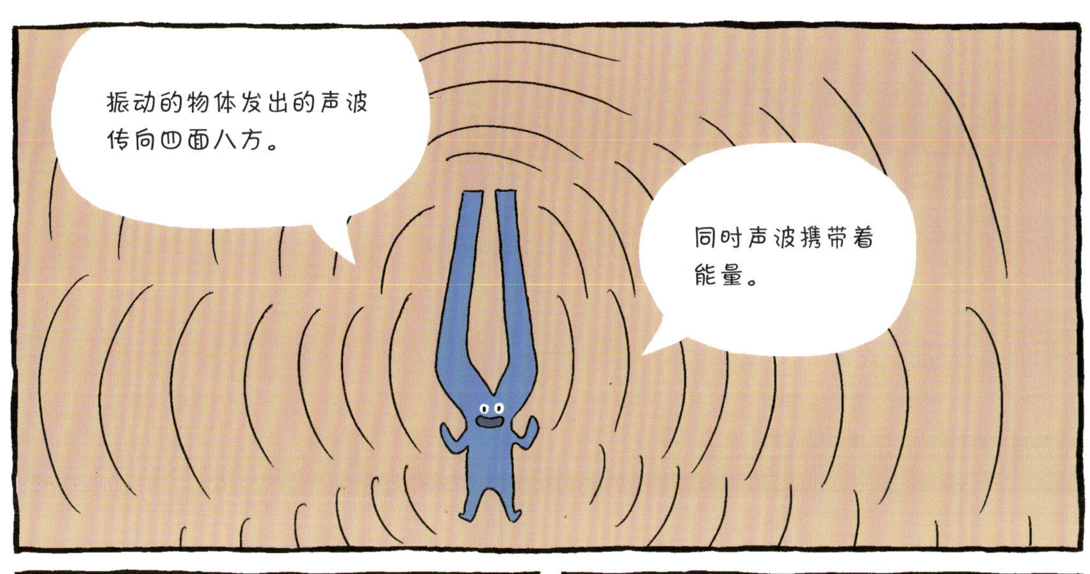
振动的物体发出的声波传向四面八方。
同时声波携带着能量。

声音传播需要介质。

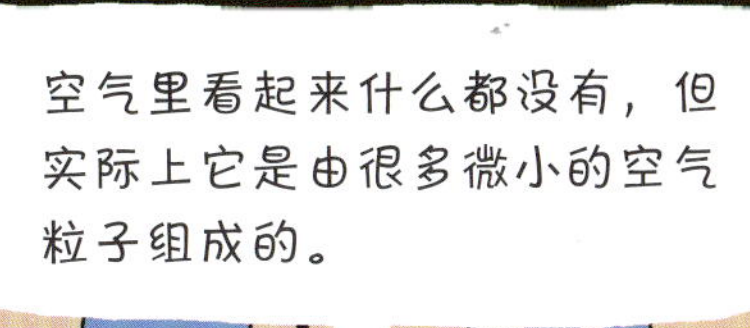
空气里看起来什么都没有，但实际上它是由很多微小的空气粒子组成的。

这些微小的空气粒子随着我的能量振动。

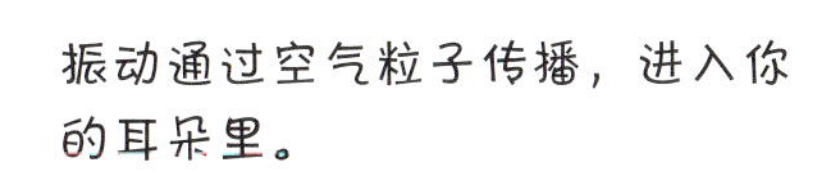
振动通过空气粒子传播，进入你的耳朵里。

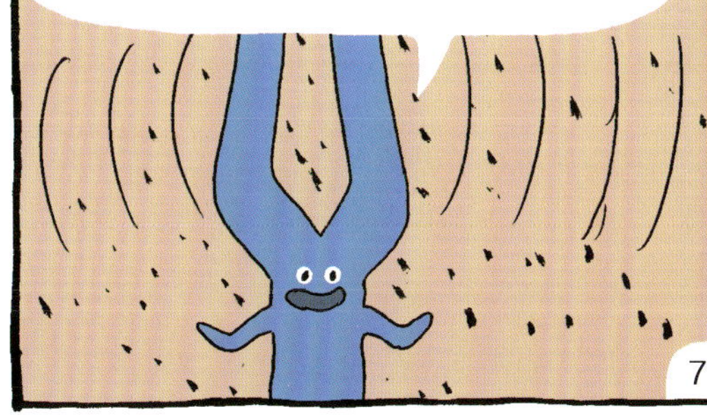

我们是怎样听到声音的

声音传到耳朵里会发生什么呢？

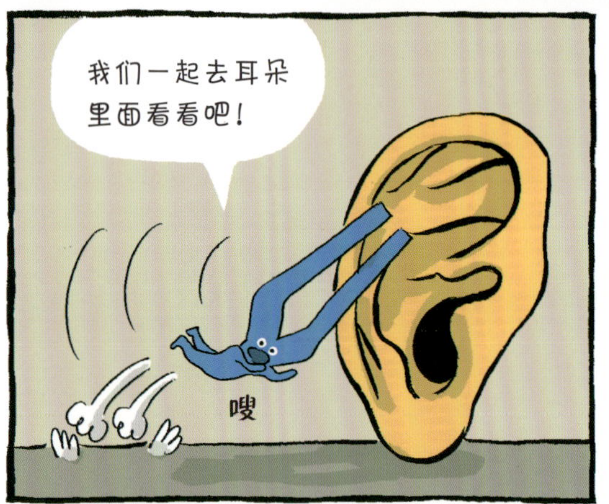
我们一起去耳朵
里面看看吧！
嗖

声波进入你的耳朵，撞到**鼓膜**
上。
嘣
嘣

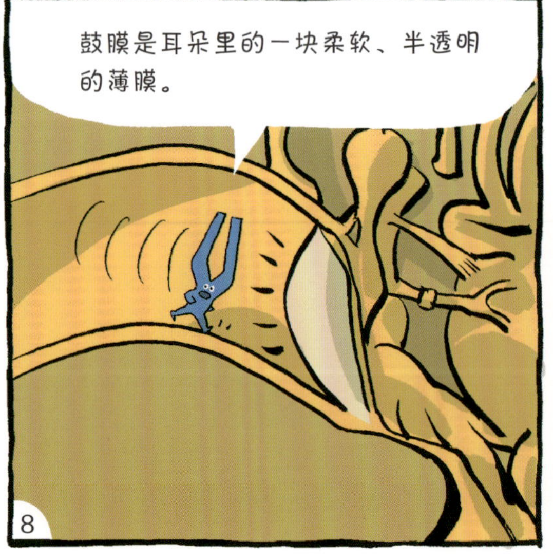
鼓膜是耳朵里的一块柔软、半透明
的薄膜。

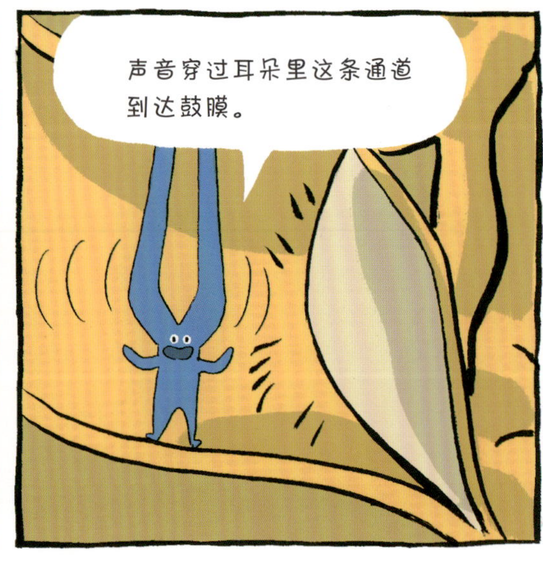
声音穿过耳朵里这条通道
到达鼓膜。

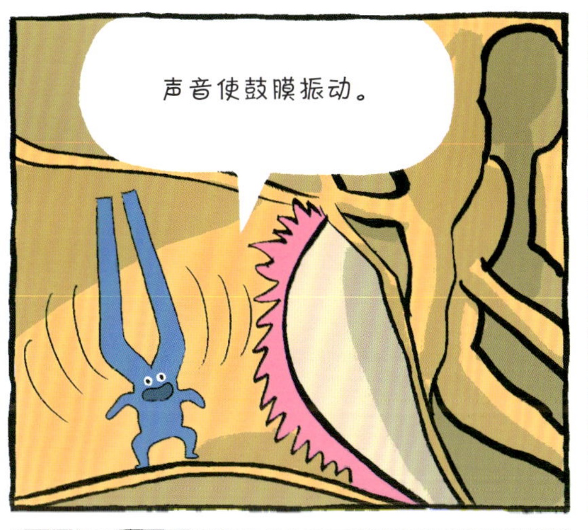

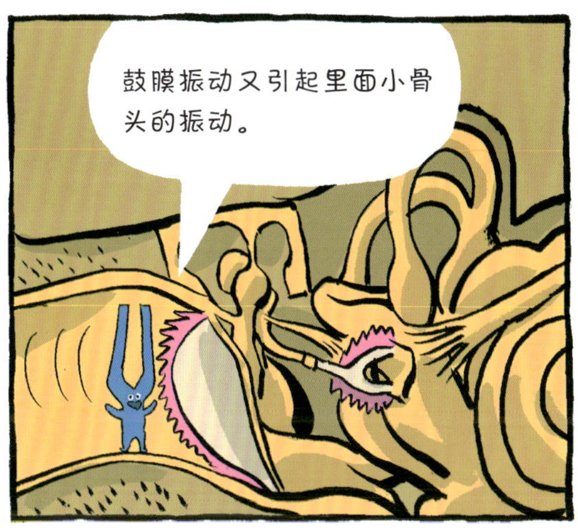

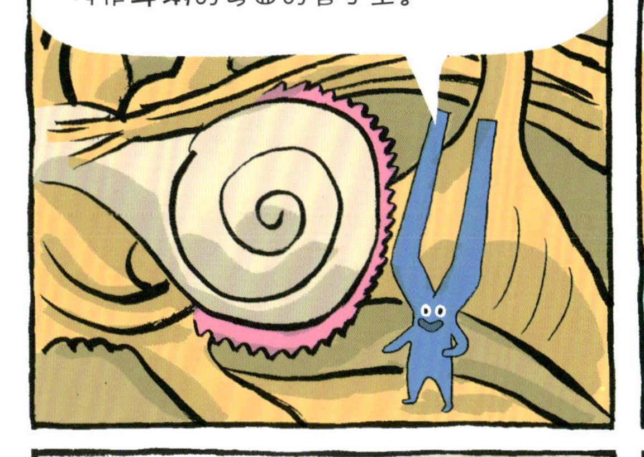

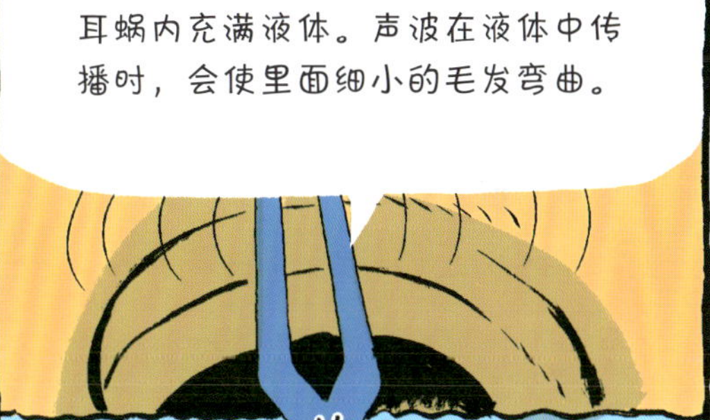

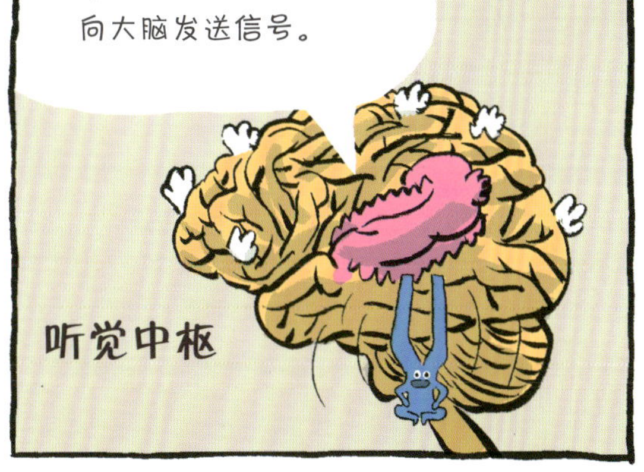

你的大脑接收到信号，就会觉察出声音了。

声音的传播

声音可以穿过各种**物质状态**——固体、液体和气体。

但是我在固体和液体中的传播速度比在空气中要快。

那是因为，固体和液体中的粒子比空气中的更紧密。

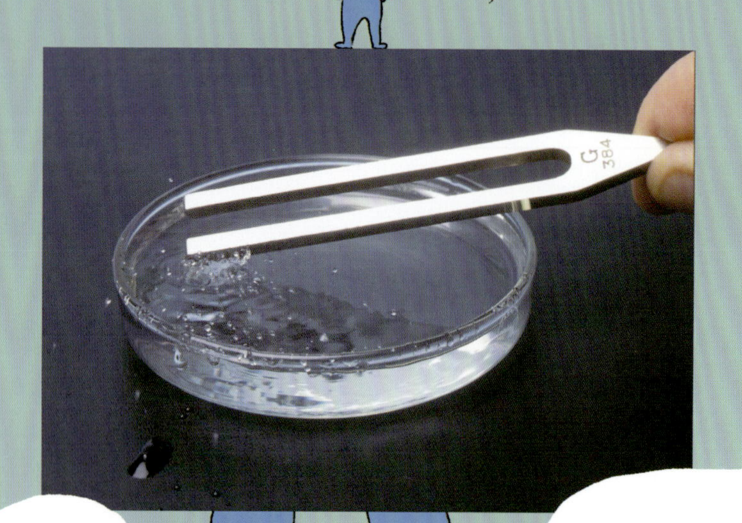

听！

你的耳朵现在是不是听到了某些声音？

你知道吗？外太空是没有声音的！

猜一猜，这是为什么呢？

那是因为外太空没有空气！

所以没有粒子可以振动。

没有振动，就没有声音。

声音的吸收

有些物体的表面可以
散射和**吸收**声音，
让声音变得微弱。
比如这些帷幕！
帷幕散射并吸收了后台的杂音。
快，该你上了！

这样观众听到的是演出的声音，
而不是工作人员的对话。

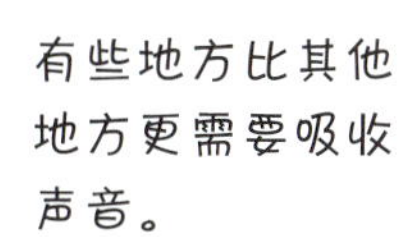
有些地方比其他地方更需要吸收声音。

比如录音棚、歌剧院、舞蹈俱乐部等，在建造时都要考虑对声音的控制。
售票处

在音乐厅里，座位上的垫子可以吸收声音。
即使座位没有坐人，它吸收的声音也和有人坐时一样多。

这样，无论音乐厅是只坐了几个人还是满座，听到的声音也是一样的。
太精彩了！
啪啪啪啪
啪啪啪啪

回声是怎么产生的

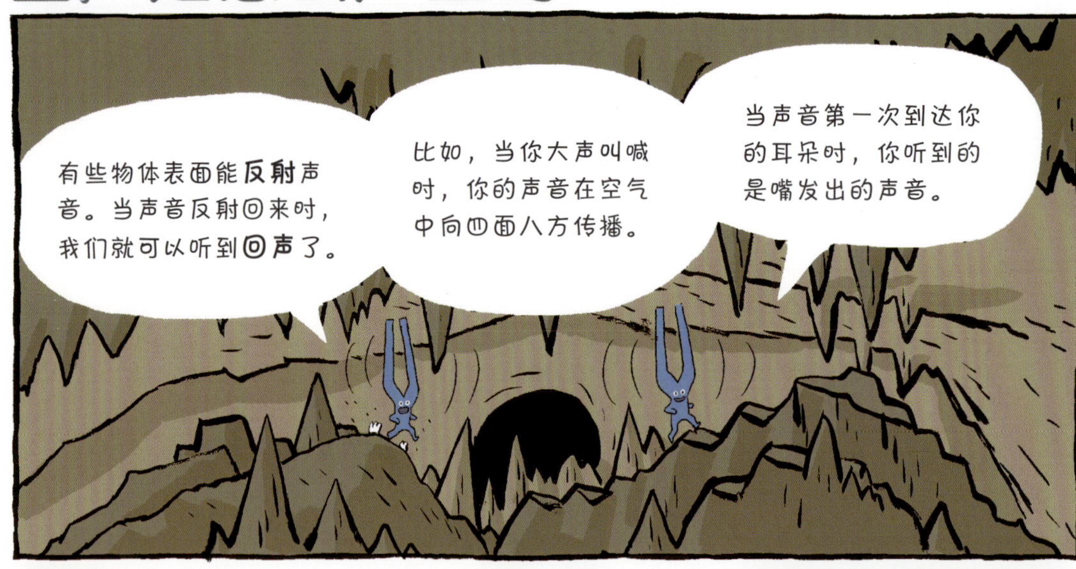
有些物体表面能反射声音。当声音反射回来时，我们就可以听到回声了。
比如，当你大声叫喊时，你的声音在空气中向四面八方传播。
当声音第一次到达你的耳朵时，你听到的是嘴发出的声音。

人类只有在某些特定的地方才能听到回声。

比如这个洞里！
这个洞里！

当声音触碰到洞穴的墙壁，它会反弹回来，第二次到达你的耳朵。
反弹

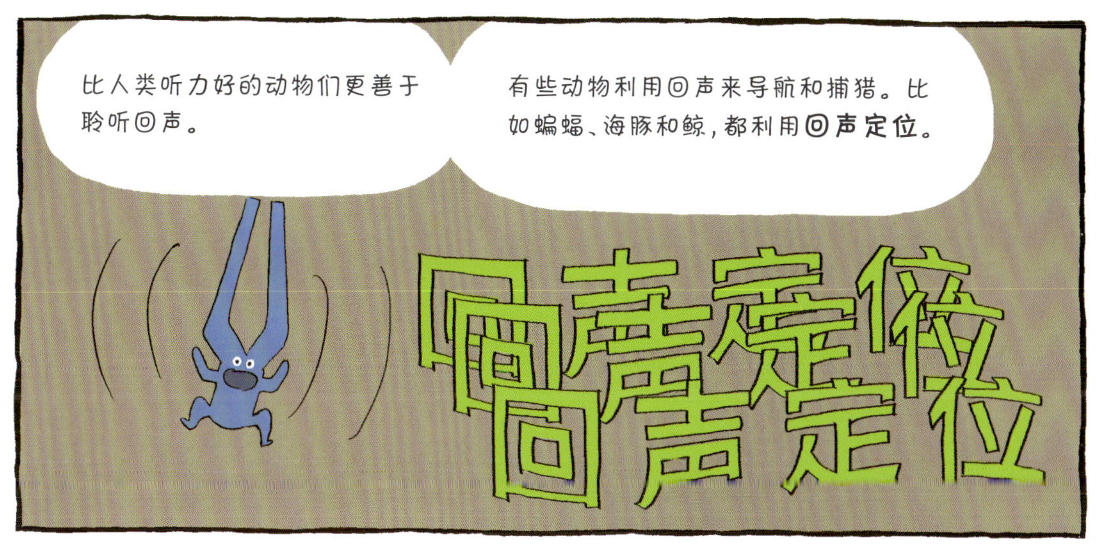
比人类听力好的动物们更善于聆听回声。
有些动物利用回声来导航和捕猎。比如蝙蝠、海豚和鲸，都利用**回声定位**。
回声定位

蝙蝠能在黑暗中“看”到声音。
我扑！
当心！

蝙蝠发出人耳听不见的高频率超声波，然后聆听反射回来的回声。

蝙蝠用这种方式测量出它到洞穴壁和猎物的**距离**。

海豚和鲸使用回声定位来感知物体和其他海洋生物。

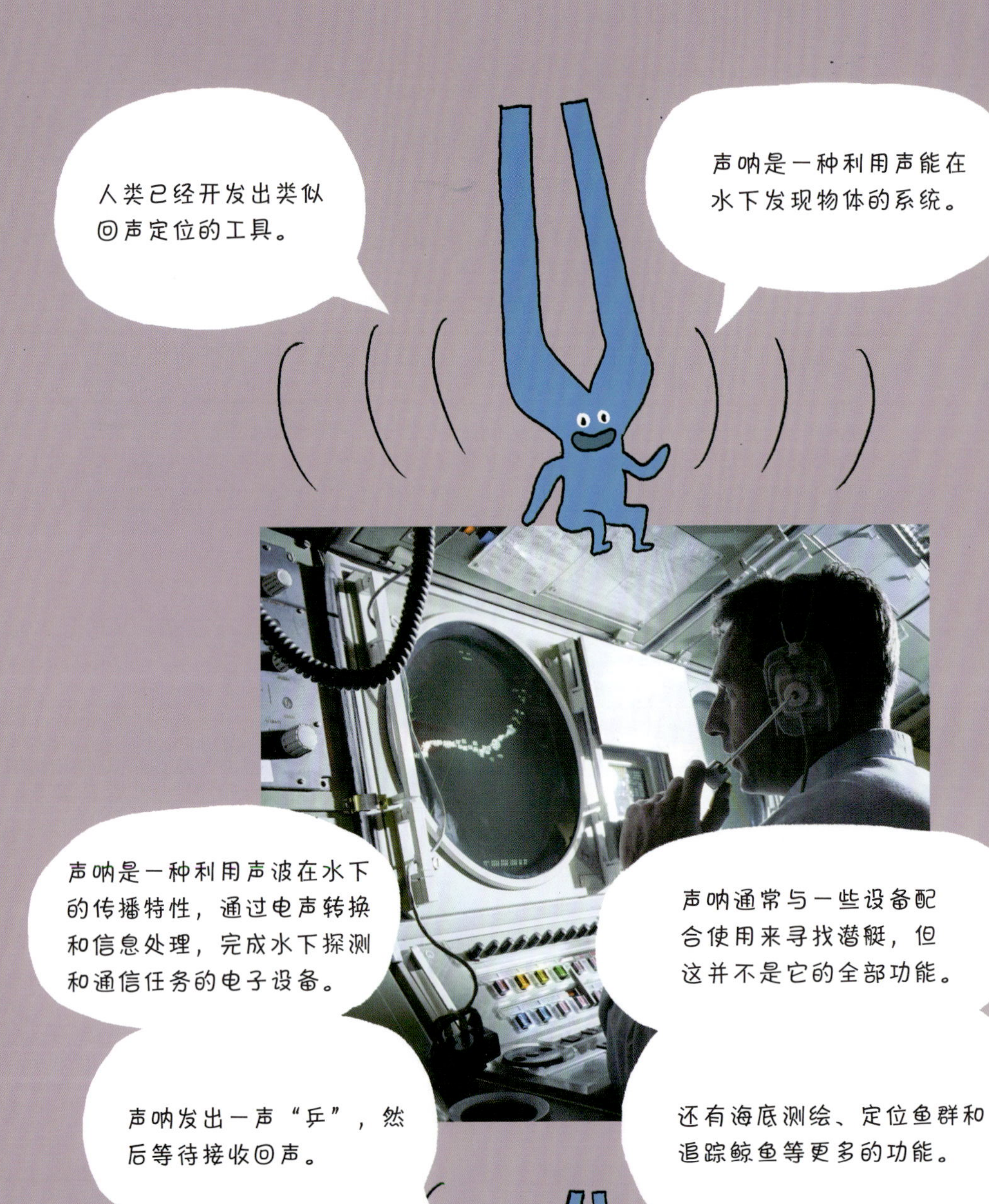
人类已经开发出类似回声定位的工具。
声呐是一种利用声能在水下发现物体的系统。
声呐是一种利用声波在水下的传播特性，通过电声转换和信息处理，完成水下探测和通信任务的电子设备。
声呐通常与一些设备配合使用来寻找潜艇，但这并不是它的全部功能。
声呐发出一声“乒”，然后等待接收回声。
还有海底测绘、定位鱼群和追踪鲸鱼等更多的功能。

有些防盗报警器是用**超声波**来探测物体的移动。

超声波是一种声音，它的频率高于人类的听觉频率。

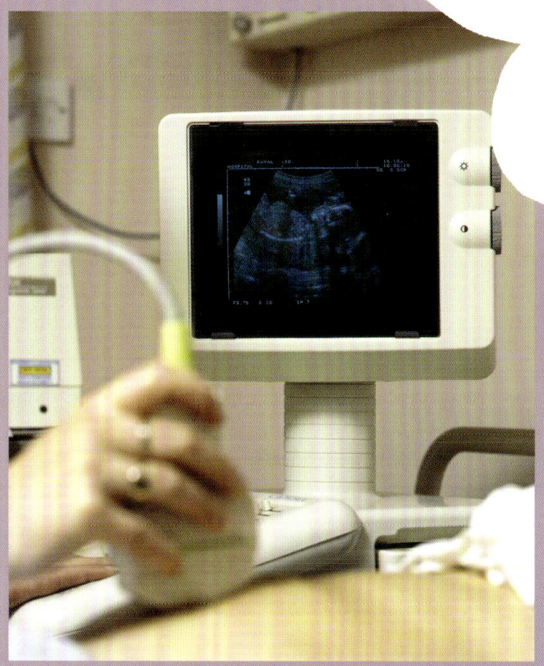

医生用超声波机器检查你的身体内部。

声波

声波的形状反映出声音的质量。

声波的形状很像波浪。
有高点，也有低点。

最高点称为**波峰**。

波峰表示声波中粒子最密集的区域。

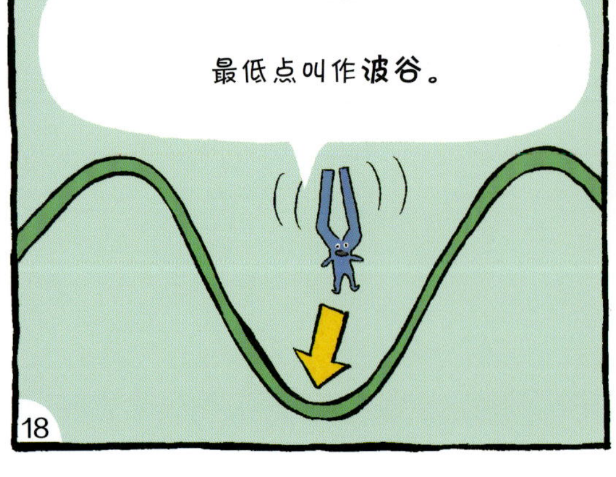
最低点叫作**波谷**。

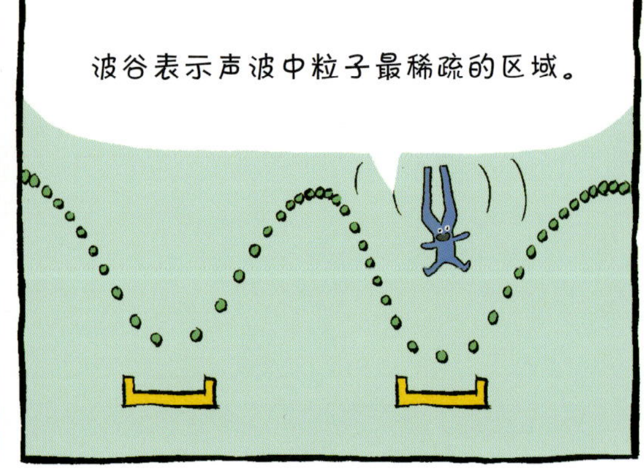
波谷表示声波中粒子最稀疏的区域。

声波更像玩具上的弹簧线圈。

让弹簧滚下楼梯，看看会发生什么呢？

线圈先是挤压，然后又拉伸。

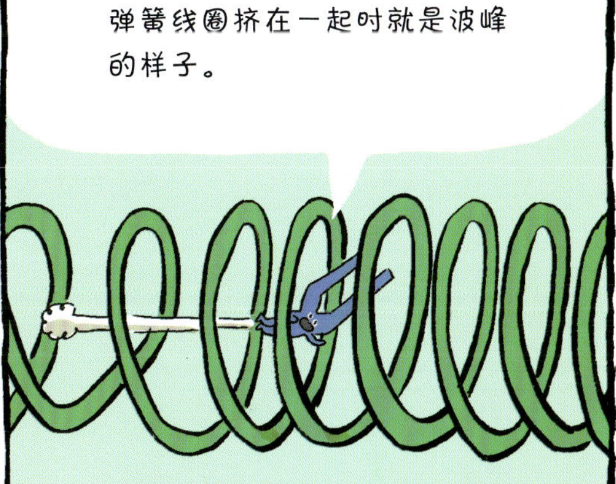
弹簧线圈挤在一起时就是波峰的样子。

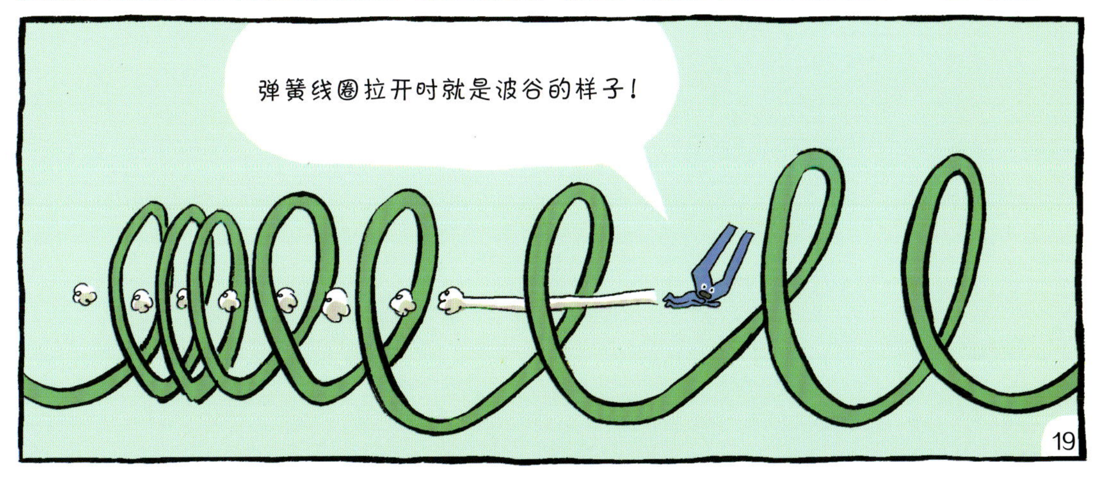
弹簧线圈拉开时就是波谷的样子！

音量变大和变小

振幅越大……
……波的能量
越大……
振幅

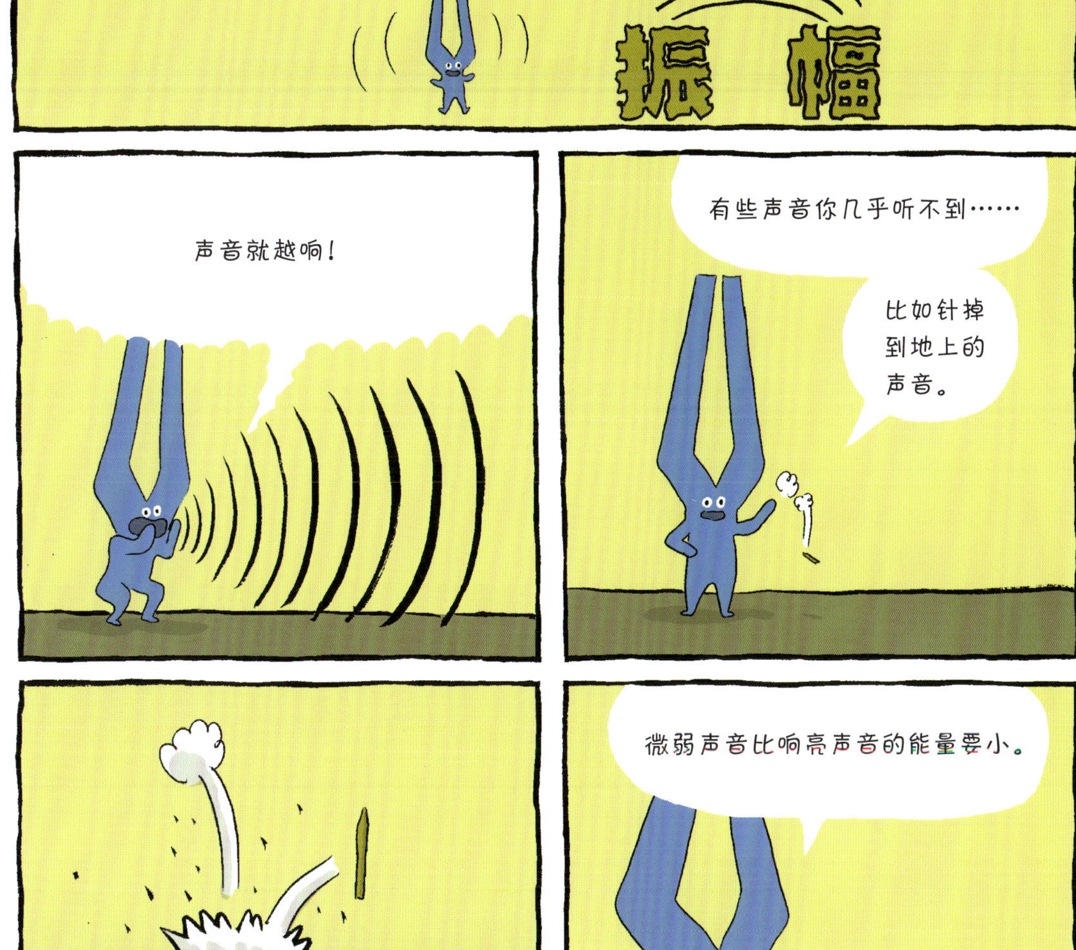
声音就越响！
有些声音你几乎听不到……
比如针掉
到地上的
声音。
嗡
微弱声音比响亮声音的能量要小。

音调变高和变低

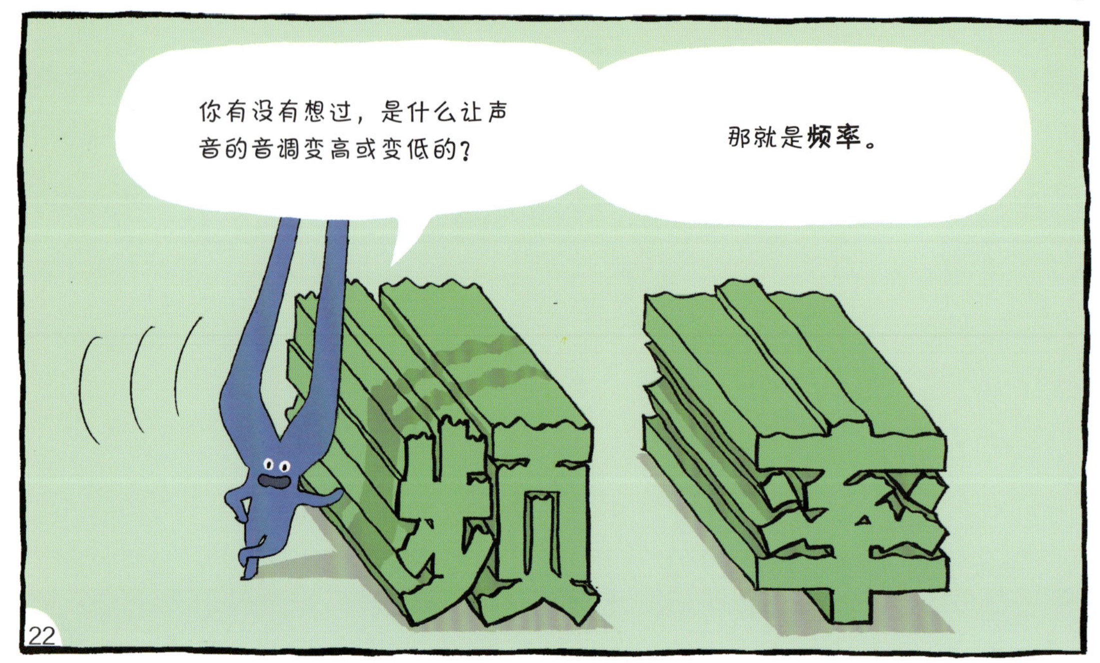

频率是在某个时间段内，声波经过一个特定点的数量。
嘀嗒 嘀嗒 嘀嗒 嘀嗒 嘀嗒 嘀嗒 嘀嗒 嘀嗒 嘀嗒 嘀嗒

物体振动得越快，频率就越高。
频率决定**音调**的高低。

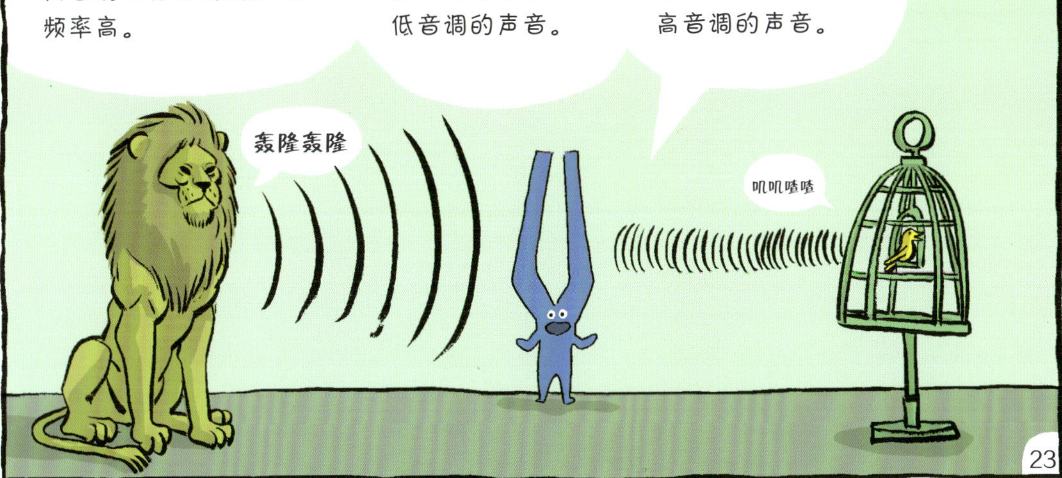
高音调比低音调的声音频率高。
狮子的咆哮是一种低音调的声音。
小鸟的鸣叫是一种高音调的声音。
轰隆轰隆
叽叽喳喳

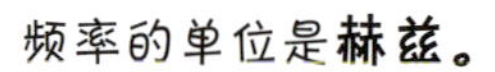

频率的单位是**赫兹**。

你可以用示波器测量声音的频率。

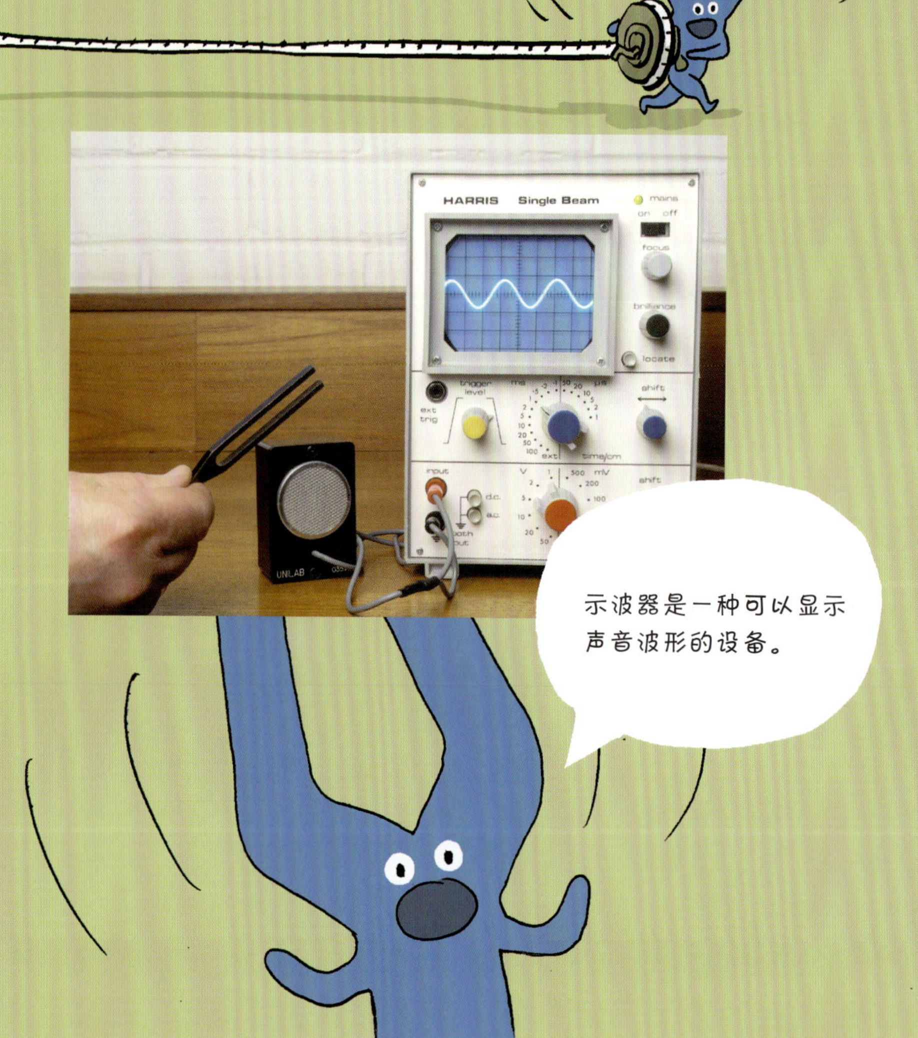

示波器是一种可以显示声音波形的设备。

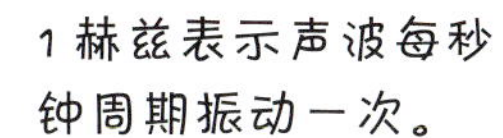

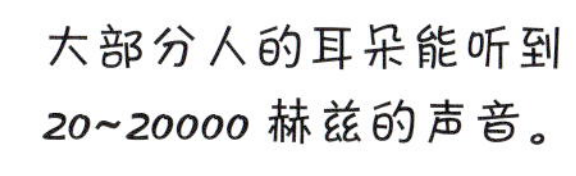

嘎吱

随着人们年龄的增长，听到高频率声音的能力会逐渐减退。

助听器可以帮助听力损失的人们听到声音！

许多动物能听到更高或更低频率的声音，这些声音是人类听不到的。
大象通过地表传播低频率声音和振动来进行交流，组织群体的行动。

这样，即使它们走散了，也能通过这种声音找到彼此。

口哨可以发出一种人类听不到的高频声音。

但狗能听到这种声音！

有些动物能听到一些人类很难听到的微弱声音。

仓鸮（猴头鹰）能听到猎物轻微的移动声。

所以它可以在完全漆黑的环境中抓到猎物。

为什么学习声音

叮
叮
咚
叮
咚
咚
人们从古代就开始研究声音。
如今，科学家把声音的各种知识应用到许多领域。

超声波可以用来清洁精密仪器！

它也可以用来帮助伤口愈合。

通过声音，人类能测绘出海
底深处的地图！

科学家们利用声呐发现了广阔的水下平
原、山脉和火山。

这只是我的一部分用途……

也许你能想出关于我
的更多新的用途！
期待你的发现！
我就是**声音**！

词汇表

波峰 声波的最高点。波峰表示声波中粒子聚集得最密集的区域。

波谷 声波的最低点。波谷表示声波中粒子分散得最稀疏的区域。

超声波 一种人类听不到的高音调的声音。

耳蜗 内耳中螺旋状的腔体。

反射 将光、热、声音或其他形式的能量反方向折回来。当能量或物体从表面反弹时，就会发生反射。

鼓膜 耳朵中对声音作出振动反应的部分。

赫兹 用来测量声音频率的单位。1 赫兹表示声波每秒钟周期振动一次。

回声 一种反射回来的声音。

回声定位 某些动物利用声音来感知周围环境。蝙蝠和海豚使用回声定位来感知。

距离 两个点在空间上间隔的长度。

频率 在某个时间段内，经过一个特定点的声波或光波的数量。

散射 向不同的方向分散开。

声波 声音的传播形式。

物质的状态 物质的不同形式。最常见的是固体、液体和气体。

吸收 接收、吸入，而不是反射。

音调 声音的高低。

振幅 波中能量的大小。

审读推荐

中国工程院院士、著名物理学家 周立伟

全文审读

北京理工大学物理学院副教授、博士 何建锋
中国科学院高能物理研究所副研究员、博士 靳松
北京市赵登禹学校物理教师 张雪娣

作　者

约瑟夫·米森（Joseph Midthun）是一位资深漫画主编，长期致力于儿童科普教育研究，崇尚用一目了然的绘画形式传递丰富信息。

萨缪·希提（Sam Hiti）是一位当代独立漫画艺术家，擅长用生动简洁的漫画还原生活场景，细致记录情感细节。

二人共同创作了一系列独立漫画作品，曾被改编成电影。

译　者

张梦叶，留英硕士，从事儿童出版物编辑多年，翻译过多本英文原著，对儿童科普有着自己深层次的理解。

本书在出版过程中，得到各界相关学者悉心指导审阅，谨向各位致以诚挚的谢意。

图书在版编目（CIP）数据

这就是物理：抢鲜版．声音 /（美）约瑟夫・米森文；（美）萨缪・希提绘；张梦叶译．
-- 北京：北京理工大学出版社，2021.5

书名原文：Building Blocks of Science -Sound

ISBN 978-7-5682-9780-6

Ⅰ.①这… Ⅱ.①约… ②萨…③张… Ⅲ.①物理学-青少年读物 Ⅳ.① O4-49

中国版本图书馆 CIP 数据核字（2021）第 076986 号

北京市版权局著作权合同登记号 图字：01-2019-2338

出版发行 / 北京理工大学出版社有限责任公司
社　　址 / 北京市海淀区中关村南大街 5 号
邮　　编 / 100081
电　　话 /（010）68944515（童书出版中心）
网　　址 / http://www.bitpress.com.cn
经　　销 / 全国各地新华书店
印　　刷 / 朗翔印刷（天津）有限公司
开　　本 / 710 毫米 × 1000 毫米　1/16
总 印 张 / 10
总 字 数 / 250 千字
版　　次 / 2021 年 5 月第 1 版　2021 年 5 月第 1 次印刷
总 定 价 / 100.00 元（全 5 册）

责任编辑 / 户金爽
责任校对 / 刘亚男
责任印制 / 王美丽

图书出现印装质量问题，请拨打售后热线，本社负责调换

[美] 约瑟夫·米森 文
[美] 萨缪·希提 绘
张梦叶 译

北京理工大学出版社
BEIJING INSTITUTE OF TECHNOLOGY PRESS

推荐序

物理学与数学是自然科学的两大支柱，在众多学科之中有着特殊而重要的地位。当今世界，我们的现代文明几乎没有哪个领域不依赖于物理学，它也是我们认识世界的基础，各种各样的物理学知识就隐藏在我们的日常生活中。《这就是物理》将满足孩子们对物理世界的好奇，通过主题式科学知识的生动讲解，将严肃的科学原理与孩子身边的有趣话题融为一体，使小读者们流连忘返。

这套充满创意的物理科学漫画书，将孩子们带入到一个充满奇趣的物理世界——声音、光、电、磁性、热、力和运动以及能量等的天地。全书囊括 10 个物理主题，从宏观现象到微观世界，从经典物理到宇宙前沿，从波动粒子到神秘黑洞，追逐恒星的辉光，穿越远古的遗迹，渗透其中的科学魅力会让孩子们难以抗拒。

让孩子从小就接触科学，使他们从幼年时代起培养对科学的爱好和兴趣，这是我国科普工作者一项严肃而神圣的任务。《这就是物理》打破传统说教式科普书体例，开启了一种颠覆常规、充满童趣的阅读体验，采用连环漫画导入方式，深入浅出地讲解物理世界的知识概念，让小读者轻松地跨入科学认知的大门，培养受益一生的科学思考方法。

愿《这就是物理》能得到我国小朋友们的喜欢。特此推荐。

中国工程院院士、著名物理学家 周立伟

目录

什么是热

那种感觉……
就是我！

你是否曾坐在火堆旁烤火？
很暖很舒服吧！

要是离得太近，就有可能被烧伤。

但是我的特点可不仅仅是这些哦！

我们怎么利用热

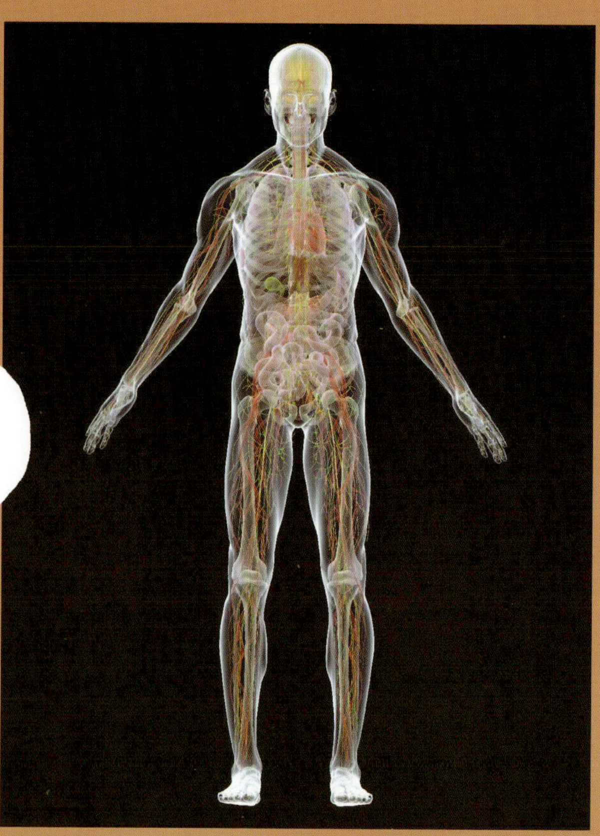

我是你生命中很重要的一部分。你知道吗，我现在就存在于你体内呢！

当你的身体消化食物时，就会产生热量。

这样你的身体才能保持稳定的温度。

人们利用热来做饭，还用热让屋子变得暖和。

在工厂里，人们用热来折弯和成形**金属**。

铁大约1538摄氏度以上就熔化了。

热能也可以给机器提供动力，比如这个汽车发动机。
气缸
活塞
曲轴

你知道吗？汽车和飞机的动力几乎都来自燃料燃烧产生的能量。

任何以燃烧燃料作为动力的机器，都需要消耗热量。
热量还被用来驱动大型设备发电。
无论是电灯、面包机，还是电脑，都是电能在提供动力。
你瞧，我们周围热量无处不在！

热源

太阳是地球最重要的热源。
地球上的生命离不开太阳传递的热量。

地球内部也有热量。
地球是由一层层炽热的岩石和金属构成的。

火山、温泉和间歇泉都是由于地球内部所产生的热量向外释放所产生的。

火和电也是我们生活中常见的热源。

摩擦两个物体，物体自身能量增加，温度升高。

热量的流动

所有**物质**都是由微小的运动粒子组成的。

使它们运动的能量叫作**热能**。
热能

当我们加热物质时，热量通过火焰传递给物质，物质的自身的能量就会增加，温度升高。
呼

物质的温度越高，粒子运动得越快。
咚
咚
咚
咚
嗡

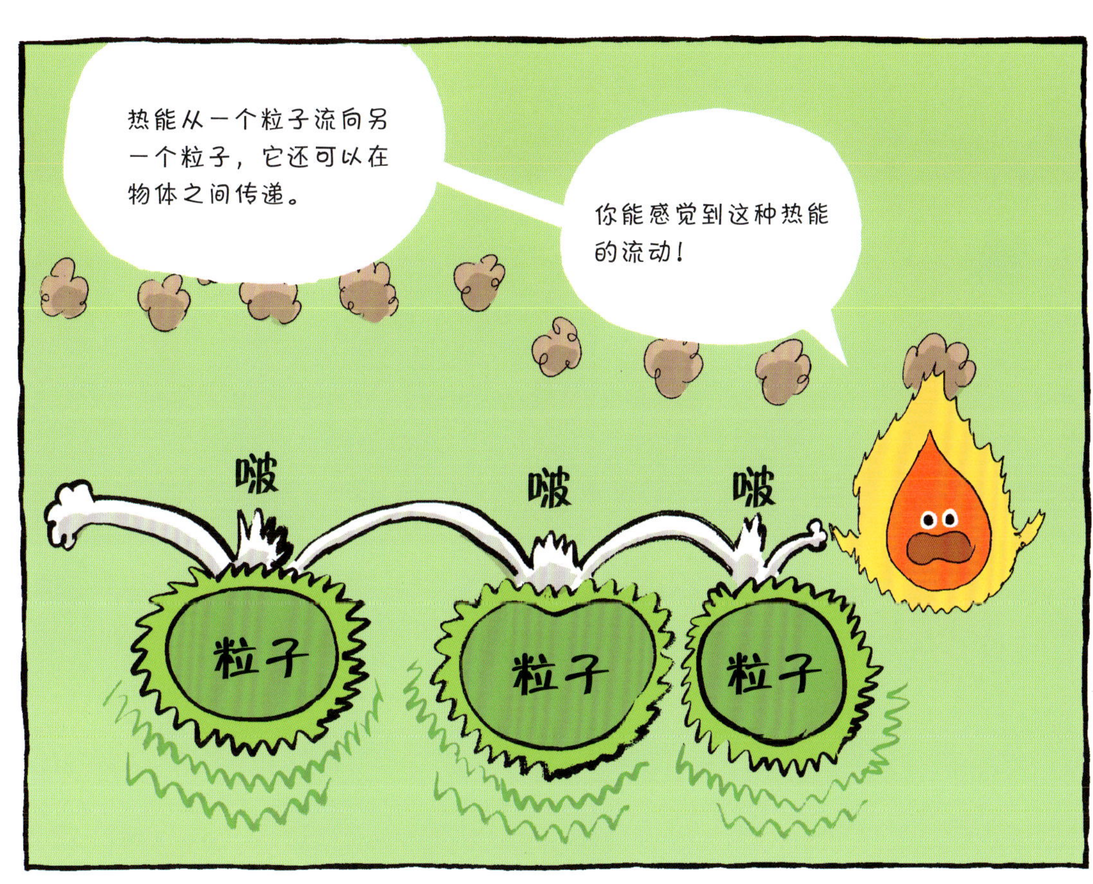
热能从一个粒子流向另一个粒子，它还可以在物体之间传递。
你能感觉到这种热能的流动！
啵
啵
啵
粒子
粒子
粒子

同样一个物体，温度高时比温度低时拥有更多的热能。
高温
低温

热量总是自发地从高温物体向低温物体传递。
高温
低温

热量一般不会从低温物体向高温物体传递。
高温
低温

让我们看看热量是如何在冰和水之间传递的。
啵嘤
啵嘤
啵嘤

啪
啵嘤

冰里的粒子运动得很缓慢。
液态水比冰的温度高，所以它的粒子运动得更快。

热能从液态水流向冰。
然后，冰里的粒子运动速度加快。
冰就是这样融化的。

固态的冰变成了液态的水。
最后，杯子里原来的水和冰融化的水有了相同的温度。

这时，杯子里所有的水粒子都以相同的**速度**运动！

热胀冷缩

大部分固体和液体受热时会**膨胀**。
它们会变大。

这是一条用沥青铺成的道路。
在大热天，沥青会膨胀。

但是到了凉爽的晚上，沥青会收缩。
大部分固体和液体一旦热能减少了，就会**收缩**。

嘎吱嘎吱
当粒子失去热能，它们会靠得更近。

路面反复地膨胀和收缩，就会开裂。

所以**工程师**在运用各种材料时，必须考虑温度变化这一点。

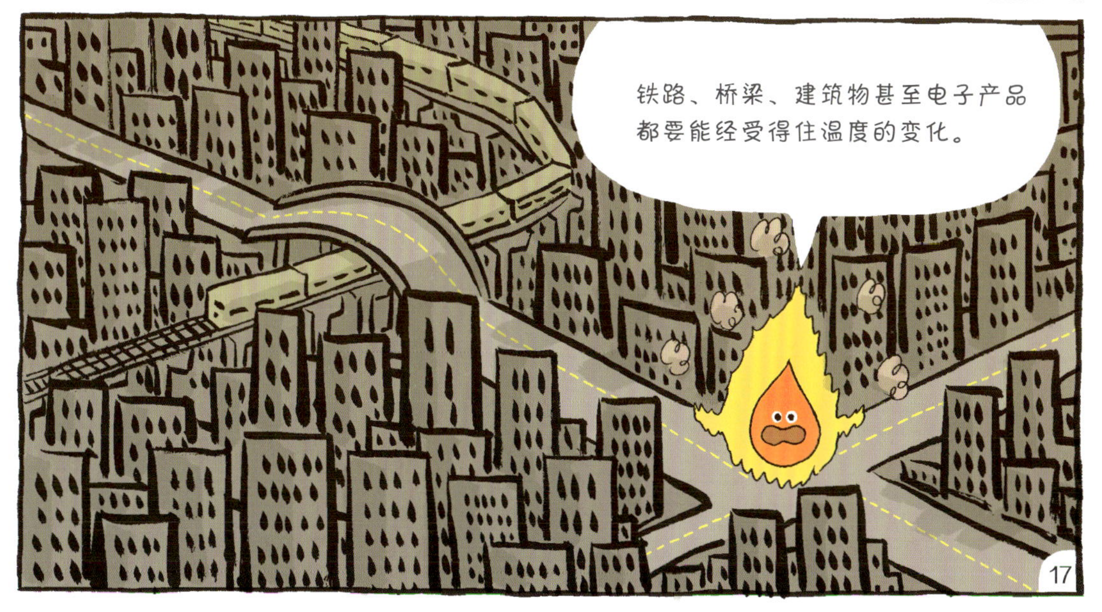
铁路、桥梁、建筑物甚至电子产品都要能经受得住温度的变化。

温度的变化，能反映物体自身能量多少的变化。

温度计利用液体热胀冷缩的原理来测量温度。

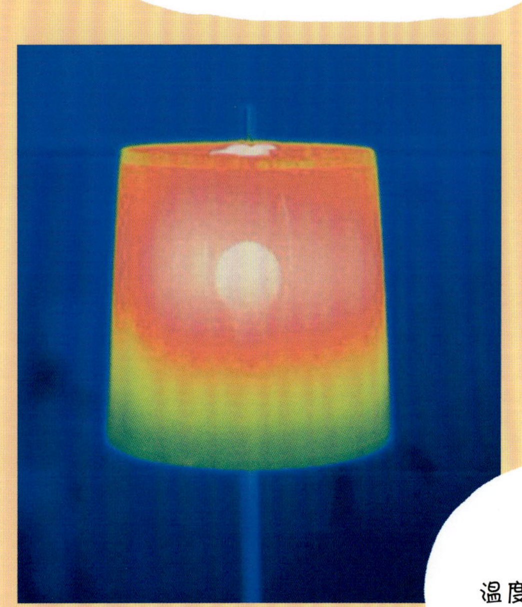

温度计里充满液体。

当测量热的物体温度时，温度计管子里的液体受热就会膨胀和上升。

当测量冷的物体温度时，液体就会收缩，沿着管子下降。

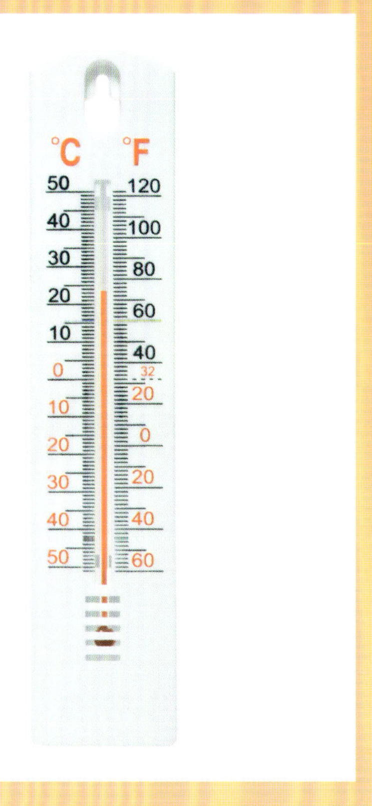

人们每天靠温度计来测量气温，这样你就知道了今天该穿什么衣服！

一起来测测室外的温度吧。

物理变化与化学变化

加热会使物质发生物理变化。
有些东西好像看起来不一样，但其实材料相同。
比如这个冰雕……

给冰加热，冰开始融化，变成液体水。
滴答 滴答

给水加热，液体的水又变成一种气体，叫水蒸气。它仍然是同样一种物质，只是状态发生了改变。

如果把金属加热到一定的温度，它也会熔化。
弯啦！

我们就是用这种方法使金属成形为我们想要的各种形状。

温度升高，还会引起很多物质燃烧。
燃烧是一种**化学变化**。
原物质变成了新的物质。

这样是发生了**物理变化**。
我揉
我揉
我揉

这样是发生了化学变化。

如你所见，纸不再是纸，它变成了另一种东西。
灰烬！

新物质的产生，正是化学变化的证据。
呼

热传导

热量总是在运动，但我不总是以相同的方式运动。

有时，我从一个粒子传递到另一个粒子，就像多米诺骨牌一样，最后传递到整个物质。
哗啦

而热量从一个粒子传递到另一个粒子的运动就叫作**热传导**。
热传导

固体通常由热传导升温。固体中的粒子不能自由移动。
热能使粒子在一定的范围内振动并撞击相邻的粒子。

如果你把一个金属勺子放在热锅里，那可要小心了！

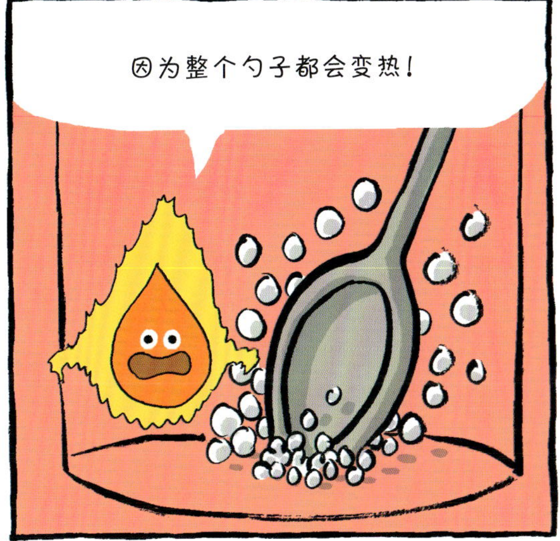
因为整个勺子都会变热！

热的食物先把勺子尖加热……

然后，勺子尖的热粒子加速振动，并撞击旁边的粒子。这个过程就实现了热量的传递。

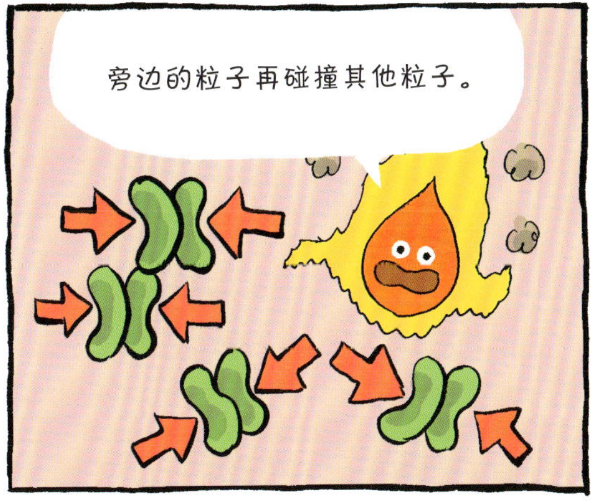
旁边的粒子再碰撞其他粒子。

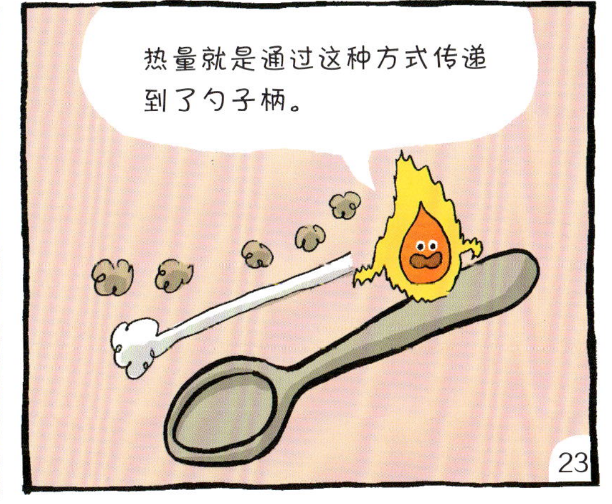
热量就是通过这种方式传递到了勺子柄。

热对流和热辐射

这种热量的传输方式叫作**热对流**。热对流就像传送带一样，把热量从一个地方输送到另一个地方。

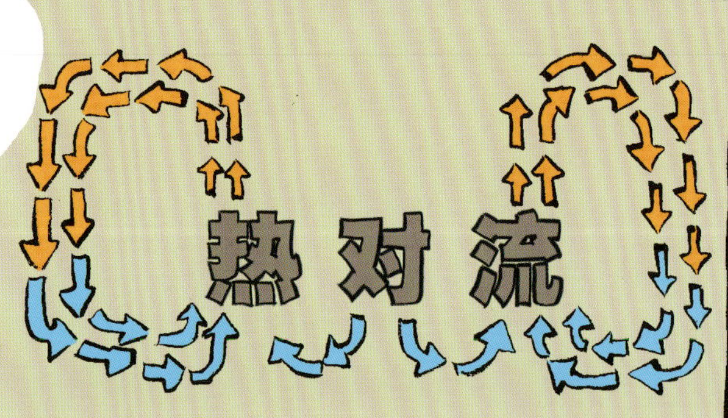

有时热量可以在真空中传播。
不通过任何介质来传递热量的运动被称为**热辐射**。
热辐射

来自太阳的热量通过太空传递到地球上。

在有介质的地方，热量也可以通过辐射传递。
咦，为什么呢？

即使空气不怎么流动，你也能明显感觉到附近火源的温暖。这是因为火的热量可以通过辐射传递到皮肤上。

热的良导体和不良导体

有些材料能很好地传递热量。
它们被叫作**热的良导体**。
热的良导体

金属是良导体。热量很容易透过锅底。

阻碍热量**运动**的材料叫作**热的不良导体**。
热的不良导体

碰热锅的时候，你需要热的不良导体的保护。
还好我有隔热手套，真棒！

冬季穿的夹克也是一种很好的热的不良导体哦。

夹克是由棉、尼龙和羽绒等材料制成的。
这些材料都是热的不良导体。
噗

它们能减少你身体热量的散失。

有些夹克可以阻挡风把你身上的热量偷走。

风通过热对流把热量带走。
嗖嗖！！

冬天，你家的房子就相当于一件超大的羽绒服。

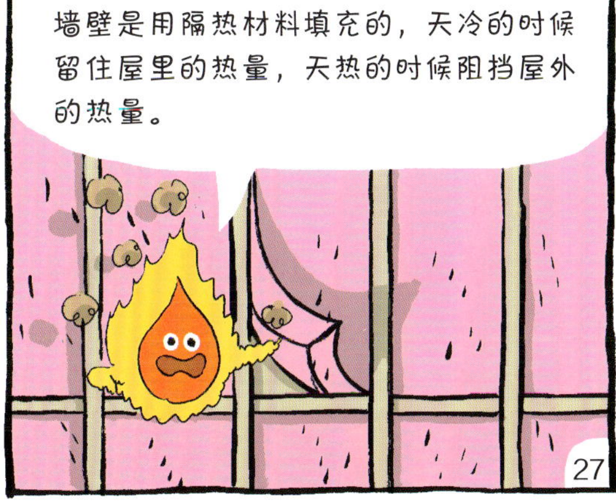
墙壁是用隔热材料填充的，天冷的时候留住屋里的热量，天热的时候阻挡屋外的热量。

为什么学习热

如果高楼大厦或一些建筑物在建造的时候没有考虑温度的影响，它们可能会坍塌。

如果你的夹克用了热的良导体材料制作，你很快就会被冻僵啦。
嘶嘶！
嗷嗷！

如果锅用了热的不良导体材料制造，那么加热食物就会变得非常缓慢！
如果锅是用木头做的，它就烧起来了！

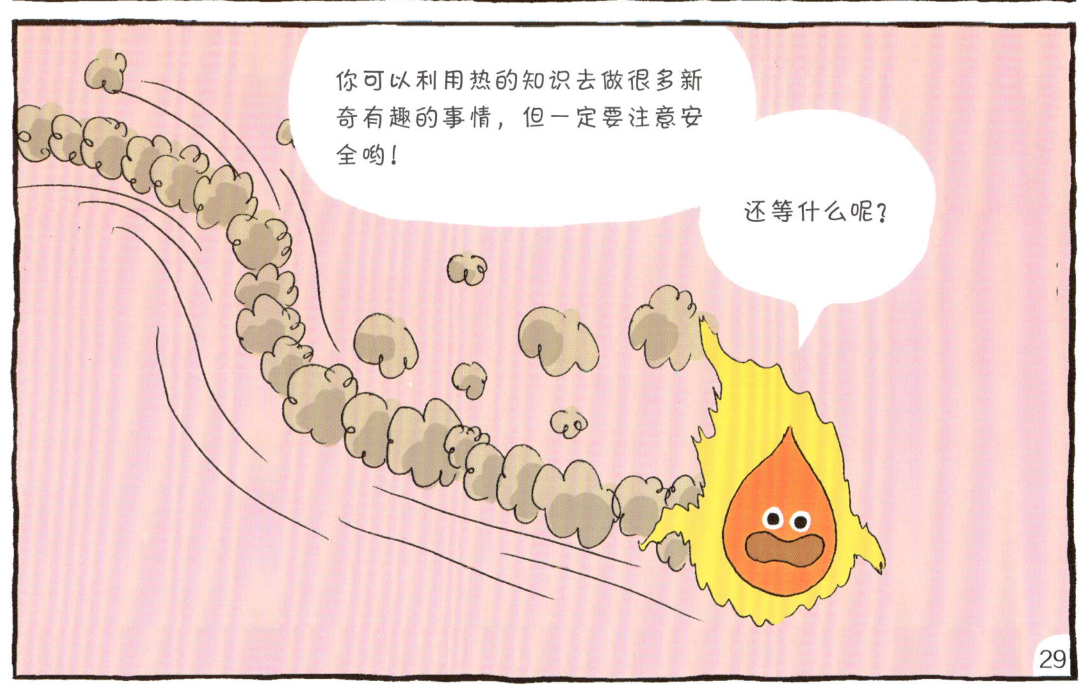
你可以利用热的知识去做很多新奇有趣的事情，但一定要注意安全哟！
还等什么呢？

词汇表

工程师　设计、建造或制造发动机、机器、道路、桥梁、运河、建筑等的人。

化学变化　一种物质变成具有不同性质的另一种或多种物质的过程。

金属　一个大群体，其中包括铜、金、铁、铅、银、锡和其他具有相似属性的物质。

膨胀　使尺寸变大。

热传导　热量在物体内进行传递。

热的不良导体　不善于传导热的物体。

热的良导体　善于传导热的物质。

热对流　热量通过气体或液体等介质进行传递。

热辐射　能量以电磁波或微观粒子的形式发出的能量。来自太阳的热量是热辐射的一个例子。

热能　使物质粒子振动和运动的能量。

水蒸气　水的气体形式。

收缩　使尺寸变小。

速度　衡量在单位时间内行进的距离。

温度计　用来测量温度的工具。

物理变化　物质的形状或状态的变化。

物质　构成了万物。

运动　位置发生变化。

审读推荐

中国工程院院士、著名物理学家　周立伟

全文审读

北京理工大学物理学院副教授、博士　何建锋
中国科学院高能物理研究所副研究员、博士 靳松
北京市赵登禹学校物理教师 张雪娣

作　　者

约瑟夫·米森（Joseph Midthun）是一位资深漫画主编，长期致力于儿童科普教育研究，崇尚用一目了然的绘画形式传递丰富信息。

萨缪·希提（Sam Hiti）是一位当代独立漫画艺术家，擅长用生动简洁的漫画还原生活场景，细致记录情感细节。

二人共同创作了一系列独立漫画作品，曾被改编成电影。

译　　者

张梦叶，留英硕士，从事儿童出版物编辑多年，翻译过多本英文原著，对儿童科普有着自己深层次的理解。

本书在出版过程中，得到各界相关学者悉心指导审阅，谨向各位致以诚挚的谢意。

图书在版编目(CIP)数据

这就是物理：抢鲜版．热 / (美)约瑟夫・米森文；(美)萨缪・希提绘；张梦叶译．
-- 北京：北京理工大学出版社，2021.5

书名原文：Building Blocks of Science -Heat

ISBN　978-7-5682-9780-6

Ⅰ.①这… Ⅱ.①约… ②萨… ③张… Ⅲ.①物理学-青少年读物 Ⅳ.① O4-49

中国版本图书馆 CIP 数据核字（2021）第 076988 号

北京市版权局著作权合同登记号 图字：01-2019-2342

出版发行 / 北京理工大学出版社有限责任公司
社　　址 / 北京市海淀区中关村南大街 5 号
邮　　编 / 100081
电　　话 / (010) 68944515 (童书出版中心)
网　　址 / http://www.bitpress.com.cn
经　　销 / 全国各地新华书店
印　　刷 / 朗翔印刷 (天津) 有限公司
开　　本 / 710 毫米 × 1000 毫米　1/16
总 印 张 / 10
总 字 数 / 250 千字
版　　次 / 2021 年 5 月第 1 版　2021 年 5 月第 1 次印刷
总 定 价 / 100.00 元 (全 5 册)

责任编辑 / 户金爽
责任校对 / 刘亚男
责任印制 / 王美丽